信盈达技术创新系列图书

嵌入式 C 语言实战教程

李令伟　周中孝　黄文涛　王苑增　编著

U0299801

电子工业出版社·

Publishing House of Electronics Industry

北京·BEIJING

内 容 简 介

本书主要介绍了嵌入式 C 语言程序设计基础知识、基本数据类型、各种运算符与表达式、C 语言 9 条基本语句和 32 个关键字、函数、数组、指针、结构体、共用体、枚举型、链表、文件、预处理命令、算法和类型定义符、五子棋人机智能对战等内容。每个知识点都有例子程序，如常用的 12 种算法、基本 C 语言语句使用范例等。

本书将 C 语言与嵌入式技术紧密结合起来，适合从事嵌入式开发的初学者，或者由单片机转向嵌入式开发的人员学习，也可作为高等院校相关专业教材。

图书在版编目（CIP）数据

嵌入式 C 语言实战教程 / 李令伟等编著. —北京：电子工业出版社，2014.6
（信盈达技术创新系列图书）
ISBN 978-7-121-23089-9

Ⅰ．①嵌…　Ⅱ．①李…　Ⅲ．①C 语言－程序设计－教材　Ⅳ．①TP312

中国版本图书馆 CIP 数据核字（2014）第 084769 号

策划编辑：陈晓猛
责任编辑：张　慧
印　　刷：北京捷迅佳彩印刷有限公司
装　　订：北京捷迅佳彩印刷有限公司
出版发行：电子工业出版社
　　　　　北京市海淀区万寿路 173 信箱　邮编　100036
开　　本：787×1092　1/16　印张：14.75　字数：378 千字
版　　次：2014 年 6 月第 1 版
印　　次：2023 年 12 月第 9 次印刷
定　　价：39.00 元

凡所购买电子工业出版社图书有缺损问题，请向购买书店调换。若书店售缺，请与本社发行部联系，联系及邮购电话：（010）88254888。

质量投诉请发邮件至 zlts@phei.com.cn，盗版侵权举报请发邮件至 dbqq@phei.com.cn。

服务热线：（010）88258888。

　　C 语言是程序设计中最为活跃的高级语言之一。嵌入式 C 语言是进入嵌入式行业的必修课程，深圳信盈达嵌入式学院紧跟科技的发展，为了让读者能够尽快融入嵌入式行业，推出了《嵌入式 C 语言实战教程》。

　　本书面向从事嵌入式开发的初学者，或者由单片机转向嵌入式开发的人员，也可作为高等院校相关专业教材。在编写过程中，作者力求使本书体现如下特点。

　　（1）对嵌入式 C 语言中的重点、难点进行分解，分散编排，使读者在学习过程中循序渐进、平滑过渡。

　　（2）强调启发性教学，一方面强调教学，另一方面强调让读者从思考中加深理解。

　　（3）对嵌入式 C 语言的难点、重点和例子程序做详细的注释，便于读者的理解和掌握。

　　（4）文字简明，表达通俗易懂。例子程序的编写立足于读者能理解透彻，对算法技巧、编程规范等做了详细的说明。

　　本书的例子程序来源于典型算法及工程项目的精选，为后期学习 ARM、Linux 做准备。

　　本书共分 19 章。其中，第 1～7、19 章由深圳信盈达嵌入式学院李令伟编写；第 9～13 章由深圳信盈达嵌入式学院周中孝编写；第 14～16 章由深圳信盈达嵌入式学院黄文涛编写；第 8、17、18 章由深圳信盈达嵌入式学院王苑增编写。

　　本书的出版离不开深圳信盈达电子有限公司所有同事的支持和帮助，尤其是牛乐乐和陈志发等工程师，在此向他们表示衷心的感谢。另外，感谢电子工业出版社的各位编辑，是他们认真专业的审核，使本书由初稿变成了精美的图书。

　　由于时间仓促，编者水平有限，书中难免有不恰当的地方，恳请广大读者批评指正，联系邮箱：niusdw@163.com。

编著者

2014 年 6 月

目 录

第1章

嵌入式 C 语言概述

1.1 嵌入式 C 语言简介

嵌入式在生活的应用越来越广泛，产品种类也越来越多。由于嵌入式 C 语言可读性强、移植性好，与汇编语言相比，大大减轻了软件工程师的劳动强度，因而越来越多的嵌入式工程师开始使用嵌入式 C 语言编程。

1.2 嵌入式 C 语言的发展历史

嵌入式 C 语言是一种使用非常方便的高级语言。所以，在嵌入式产品的开发应用中，除了使用汇编语言外，也逐渐引入了嵌入式 C 语言。

嵌入式（ARM、Linux）C 语言除了遵循一般嵌入式 C 语言的规则外，还有其自身的特点，例如中断服务函数（如 interrupt n），对嵌入式单片机特殊功能寄存器的定义是嵌入式 C 语言所特有的，是对标准嵌入式 C 语言的扩展。

本教程将初步介绍嵌入式 C 语言在单片机开发中的运用，并对嵌入式 C 语言程序的开发软件 MDK 的使用进行详细说明。

1.3 嵌入式 C 语言的主要特点

嵌入式 C 语言发展迅速，而且成为最受欢迎的语言之一，主要是因为它具有强大的功能。用嵌入式 C 语言加上一些汇编语言子程序，就更能显示嵌入式 C 语言的优势了，像 PC-DOS、WORDSTAR 等都是用这种方法编写的。嵌入式 C 语言的特点如下。

1. 简洁紧凑、灵活方便

嵌入式 C 语言一共只有 32 个关键字、9 条控制语句。

程序书写自由，主要用小写字母表示。它结合了高级语言的基本结构和语句与低级语言的实用性。嵌入式 C 语言可以像汇编语言一样对位、字节和地址进行操作，而这三者是计算机最基本的工作单元。

2. 运算符丰富

嵌入式 C 语言的运算符包含的范围很广泛，共有 34 个运算符。嵌入式 C 语言把括号、

1

赋值、强制类型转换等运算都作为运算符处理，从而既使嵌入式 C 语言的运算类型极其丰富，又使其表达式类型多样化。灵活使用各种运算符可以实现在其他高级语言中难以实现的运算。

3．数据结构丰富

嵌入式 C 语言的数据类型包括整型、实型、字符型、数组类型、指针类型、结构体类型和共用体类型等，能够用于实现各种复杂数据类型的运算。并引入了指针概念，使程序效率更高。另外，嵌入式 C 语言具有强大的图形功能，支持多种显示器和驱动器，且计算功能、逻辑判断功能强大。

4．嵌入式 C 语言是结构式语言

结构式语言的显著特点是代码及数据的分隔化，即程序的各个部分除了必要的信息交流外彼此独立。这种结构化方式可使程序层次清晰，便于使用、维护及调试。嵌入式 C 语言是以函数的形式提供给用户的，这些函数可以方便地调用，并由多种循环语句和条件语句控制程序流向，从而使程序完全结构化。

5．嵌入式 C 语言语法限制不太严格，程序设计自由度大

一般的高级语言语法检查比较严，能够检查出几乎所有的语法错误。而嵌入式 C 语言允许程序编写者有较大的自由度。

嵌入式 C 语言允许直接访问物理地址，可以直接对硬件进行操作。因此，嵌入式 C 语言既具有高级语言的功能，又具有低级语言的许多功能，能够像汇编语言一样，对位、字节和地址进行操作，而这三者是计算机最基本的工作单元，可以用来编写系统软件。

6．嵌入式 C 语言程序生成代码质量高，程序执行效率高

嵌入式 C 语言一般只比汇编程序生成的目标代码效率低 10%～20%。

7．嵌入式 C 语言适用范围大，可移植性好

嵌入式 C 语言有一个突出的优点就是既适合于多种操作系统，如 DOS、UNIX，也适用于多种机型。

8．嵌入式 C 语言突出应用场合

对于操作系统、系统使用程序及需要对硬件进行操作的场合，使用嵌入式 C 语言编程明显优于其他高级语言，许多大型应用软件都是用嵌入式 C 语言编写的。嵌入式 C 语言具有强大的绘图能力、可移植性及很强的数据处理能力。因此，适于编写系统软件、三维图形、二维图形和动画。它是数值计算的高级语言。

1.4 单片机的汇编语言与嵌入式 C 语言比较

嵌入式 C 语言程序与汇编语言程序从编写特点上比较，主要有以下六点区别。

（1）嵌入式 C 语言程序中的主函数是汇编程序中的主程序，函数是汇编语言程序中的

子程序。程序运行都是从主函数或主程序开始，并终止于主函数或主程序的最后一条语句。在编写方面，汇编语言程序中的主程序必须编写在整个程序的最前面，因为汇编语言程序运行时是从整个程序的第一行开始的；而嵌入式 C 语言程序中的主函数可以放在程序的前面，也可放在后面或其他位置，且无论主函数在什么位置，程序运行时都会先自动找到主函数，并从主函数的第一条语句开始执行。

（2）编写嵌入式 C 语言程序一般使用小写英文字母，关键字均为小写英文字母，也可以使用大写英文字母，但大写字母一般都有特殊意义。

（3）嵌入式 C 语言严格区分字母大小写，也就是说，abc、Abc、ABC 是三个不同的名称；而汇编语言不区分字母大小写，编程时大小写字母可以混用。

（4）嵌入式 C 语言不使用行号，一行可以写多条语句，但每一条语句最后必须有一个"；"作为结尾；而汇编语言一行就是一条语句。

（5）嵌入式 C 语言每一个独立完整的程序单元都由一对大括号括起来，大括号必须成对使用。

（6）嵌入式 C 语言的程序注释信息需要使用"/*"和"*/"括起来，如"/*头文件*/"，或用双斜杠，如"//头文件"；而汇编语言程序语句的注释信息使用一个分号，如"；延时程序"。

汇编语言和嵌入式 C 语言的性能比较见表 1.1。

表 1.1　汇编语言和嵌入式 C 语言的性能比较

特　　性	汇　编　语　言	嵌入式 C 语言
实时性	强	弱
占用系统资源	少	多
可读性	弱	强（结构化编程、可读性强、便于维护）
可修改性	弱	强
健壮性	弱	强
应用领域	应用于实时性要求比较高的工业控制场合，如工业控制、小家电等领域	应用于程序量较大、功能较复杂，且对实时性要求不高的场合，如医疗器械、安防等领域

1.5　嵌入式 C 语言与标准 C 语言的异同

用嵌入式 C 语言编写嵌入式应用程序与标准 C 语言程序编写的不同之处就在于，可根据嵌入式的处理器存储结构及内部资源定义相应的嵌入式 C 语言中的数据类型和变量，其他的语法规定、程序结构及程序设计方法都与标准 C 语言程序设计相同。

1.6　嵌入式 C 语言总结

嵌入式 C 语言是一种较为高级的语言，通过其支持的各种编译器，能够将嵌入式 C 语言编译成适合各个平台的汇编代码和机器代码，具有非常优秀的移植性。例如，在 Linux 中除了处理器相关的部分外，全部采用 C 语言编写，因此已经被移植到了几乎所有的 CPU 上。C 语言比其他高级语言更接近于适合自然语言的特性，更适合于嵌入式编程。

嵌入式 C 语言程序的基本结构

2.1 嵌入式 C 语言入门实例

下面介绍一个简单的嵌入式 C 语言编程实例，使读者初步了解嵌入式 C 语言的特点。Super800 综合实验仪中，单片机 P2 端口接 8 个发光二极管，电路如图 2.1 所示。程序的功能是使 8 个发光二极管循环点亮，即常见的跑马灯。

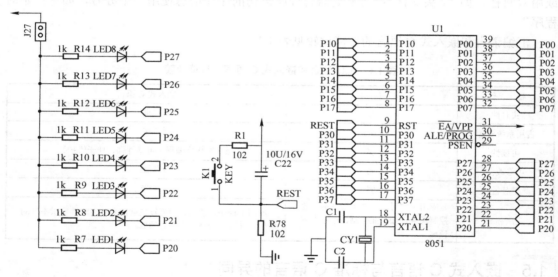

图 2.1 Superc800 实验板硬件连接图

2.2 程序工作原理

由图 2.1 所示电路图可以看出，发光 LED 接法是共阳极的，只要首先将数据 1111 1110B 送到 P2 输出，就能把 P2 端口对应的 1 个发光二极管点亮，然后依次将 0xfe、0xfd、0xfb、0xf7、0xef、0xdf、0xbf、0x7f 送到 P2 输出，然后循环，即可控制 8 个灯循环点亮。

以下是跑马灯的源程序，帮助读者理解该程序所描述的功能。注意这个嵌入式 C 语言程序的编写格式，这是一个标准的格式，也就是常说的编程规范，以后都要按照这样的格式编程。

2.3　源程序

1．源程序 1

```
/***********************************************************
*公司名称：      深圳信盈达电子有限公司
*模块名：        跑马灯
*版本信息：      V2.1
*说明：          Super800 开发板上 J27 排针用跳线帽连接。
***********************************************************/
#include <reg52.h>              /*嵌入式 C 语言头文件*/
void delay();                   //函数声明 delay()延时函数
/*-----------------函数-----------------------*/
void delay( )                   // 延时子函数
{
    unsigned int i;             //声明无符号整型变量 i
    for(i=0;i<30000;i++) ;      //循环延时语句
  }
/*-----------------主函数----------------------*/
void main(void)                 //主函数 void main(void)
{
    while(1)                    //无限循环
    {
    P2=0xfe;                    //点亮 P2.0 端口对应的灯 0xfe=1111 1110B
    delay();                    //调用延时函数 delay()
    P2=0xfd;
    delay();
    P2=0xfb;
    delay();
    P2=0xf7;
    delay();
    P2=0xef;
    delay();
    P2=0xdf;
    delay();
    P2=0xbf;
    delay();
    P2=0x7f;
    delay();
    }
  }
```

　　修改一下延时程序里面的数值，看一下灯循环的速度是否有变化。带着这个问题我们来学习下面的课程。

2．源程序 2

```
/*******************************************************
*程序名称：    跑马灯程序
*版本信息：    V2.1
*说明:        Super800 开发板上 J27 连接。
*******************************************************/
#include <reg52.h>            /*嵌入式 C 语言头文件*/
#define uchar unsigned char  /*声明变量 uchar 为无符号字符型，长度为 1 字节，值域范围为 0～255*/
#define uint  unsigned int   /*声明变量 uint 为无符号整型，长度为 2 字节，值域范围为 0～65535*/
void delay(uint t);          //声明 delay()延时函数
//*******************延时函数*********************/
void delay(uint t)           // 延时函数
{
   for(;t!=0;t--) ;
}
//*******************主函数*********************/
void main(void)
{
   uchar i;                  /*声明无符号字符变量 i*/
   delay(1000);              /*调用延时子程序*/
   P2=0Xff;
   while(1)
    {
      for(i=0;i<8;i++)
       {
         P2=~(0X01<<i);      //左位移运算符，用来将 1 个数的二进制的各位全部左移
                             //移位后，空白位补 0，而溢出的位舍弃
         delay(50000);
       }
    }
}
```

要求：

（1）分析以上两程序哪一种更方便、简洁一些；

（2）分析哪一种引脚功能配置方式更灵活、直观。

2.4 嵌入式 C 语言程序的基本结构

嵌入式 C 语言程序一般由头文件、主函数和函数三部分组成。

2.5 头文件

头文件用来定义 I/O 地址、参数和符号。使用时通过#include 指令加载，将头文件包含在所编写的嵌入式 C 语言程序中，这样在编写嵌入式 C 语言程序时，就不需要考虑单片机

内部的存储器分配等问题了。例如，#include <math.h>中，math.h 为数学常用公式的头文件，使用时需要用#include 指令，并将头文件用括号"<>"括起来。某些简单的嵌入式 C 语言程序，只包括主程序和程序库所载入的头文件。

2.6　主函数

主函数，即主程序，是嵌入式 C 语言程序执行的开始，不可缺少。主函数以 main 为其函数名称，例如：

```
void main(void)
{
    嵌入式 C 语言语句;
}
```

嵌入式 C 语言的主函数是一个特殊的函数，每个程序必须有且只有一个主函数。嵌入式 C 程序运行时都是从主函数 void main(void)开始的，主函数可以调用其他子函数，调用完毕后回到主函数，在主函数中结束整个程序的运行。

主函数内容用大括号"{}"括起来，括号内为嵌入式 C 语言程序语句，每行程序语句结束时加";"。

2.7　函数

函数，即子程序，是指除了主函数之外的各个函数。函数可以命名为各种名称，但不可与嵌入式 C 语言保留字相同。函数与主函数的格式是一样的，函数内容用大括号"{}"括起来，括号内为嵌入式 C 语言程序语句，每行程序语句结束时加";"。

第 3 章

常量与变量的类型

3.1 嵌入式 C 语言的基本数据类型

单片机的基本功能是进行数据处理，数据在进行处理时需要首先存放到单片机的存储器中。因此，编写程序时对使用的常量与变量都要首先声明其数据类型，以便把不同的数据类型定位在嵌入式处理器的不同存储区中。

具有一定格式的数字或数值称为数据，数据的不同格式称为数据类型。数据类型是用来表示数据存储方式及所代表的数值范围的。嵌入式 C 语言的数据类型与一般标准 C 语言的数据类型大多相同，但也有其扩展的数据类型。

3.2 基本数据类型

基本数据类型按数据占用存储器空间的大小分为以下四类。

字符型（char）：代表存放 8 位数据；

整型（int）：代表存放 16/32 位数据（不同的处理器，位数不一样，如 ARM9.0 为 32 位）；

长整型（long）：代表存放 32 位数据；

实型（单精度 float）：代表存放 32 位数据；

实型（双精度 double）：代表存放 256 位数据。

基本数据类型在计算机中的显示样例如图 3.1 所示。

```
01  /* Note:Your choice is C IDE */
02  #include "stdio.h"
03  void main()
04  {
05      char i;
06      i=sizeof(int);
07      printf("sizeof int=%d\n",i);
08
09      i=sizeof(char);
10      printf("sizeof char=%d\n",i);
11
12      i=sizeof(float);
13      printf("sizeof float=%d\n",i);
14
15      i=sizeof(double);
16      printf("sizeof double=%d\n",i);
17
18      i=sizeof(long);
19      printf("sizeof long=%d\n",i);
20
21      i=sizeof(long double);
22      printf("sizeof long double=%d\n",i);
23
24
```

```
D:\Program Files\CYuYan\bin\wwtemp.exe

sizeof int=4
sizeof char=1
sizeof float=4
sizeof double=8
sizeof long=4

        Press any key to continue_
```

图 3.1 基本数据类型在计算机中的显示样例

基本数据类型比较见表 3.1。

表 3.1　基本数据类型比较

数 据 类 型	数 据 类 型	长　　度	值 域 范 围
无符号字符型	unsigned char	1 byte	0～255
有符号字符型	signed char	1 byte	−128～127
无符号整型	unsigned int	4 byte	0～4294967295
有符号整型	signed int	4 byte	−2147483648～2147483647
指针类型	*	4 byte	对象的地址
无符号长型	unsigned long	4 byte	0～4294967295
有符号长型	signed long	4 byte	−2147483648～2147483647
浮点型	float	4 byte	+1.175494E−38～+3.402823E+38

小知识点：

float 型究竟用多少位来表示小数部分、多少位来表示指数部分，标准嵌入式 C 语言里面并无具体规定，由各编译系统自定。很多 C 语言编译系统以 24 位表示小数部分（包括小数的符号），以 8 位表示指数部分（包括指数的符号）。

嵌入式 C 语言常用的基本数据类型主要是 char（单字节字符型）和 int（双字节整型）两种，这两种数据类型对数据表示的范围不同，处理速度也不相同。51 单片机的 CPU 是 8 位字长的，所以处理 char 类型的数据速度最快，而处理 16 位的 int 类型数据的速度则要慢得多。

另外，short 与 long 属于整型数据；float 与 double 型属于浮点型数据。

当程序中出现表达式或变量赋值运算时，若运算对象的数据类型不一致，则数据类型自动进行转换。数据类型转换按以下优先级别自动进行：bit→char→int→long→float；signed→unsigned。

3.3　常量与变量

▶ 3.3.1　常量

在程序运行中其值不能改变的量称为常量。

1．整型常量

整型常量就是整常数。在 C 语言中，使用的整常数有八进制、十六进制和十进制三种。

十进制可以表示为 123、0、−8 等；八进制以 0 开头，如 056；十六进制则以 0x 开头，如 0x34；长整型在数字后面加字母 L，如 10L、0xF340L 等。

2．浮点型常量

浮点型常量表示形式分为十进制和指数两种。十进制由数字和小数点组成，如 0.888、

3345.345、0.0 等，整数或小数部分为 0 时可以省略 0 但必须有小数点。指数表示形式如下：

[±]数字[.数字]e[±]数字；

其中，[ ]中的内容为可选项，内容根据具体情况可有可无，但其余部分必须有，如 123e3、5e6、-1、0e-3，而 e3、5e4.0 则是非法的表示形式。

3．字符型常量

字符型常量是单引号内的字符，如'a'、'd'等。

4．字符串常量

字符串常量由双引号内的字符组成，如"hello"、"english"等。当引号内没有字符时，为空字符串。

用标识符代表的常量称为符号常量。例如，在指令"#define PI 3.1415926"后，符号常量 PI 即代表圆周率 3.1415926。

3.3.2 变量

1．变量类型

在程序运行中，其值可以改变的量称为变量。一个变量主要由两部分构成，一个是变量名，另一个是变量值。每个变量都有一个变量名，在内存中占据一定的存储单元（地址），并在该内存单元中存放该变量的值。嵌入式 C 语言支持的变量通常有如下几种类型。

1）字符变量（char）。

字符变量的长度为 1 字节（byte），即 8 位。MDK 编译器默认的字符型变量为无符号型（unsigned char）。负数在计算机中存储时一般用补码表示。

2）整型变量（int）。

整型变量的长度为 32 位。8051 系列 CPU 将整型变量的 msb 存放在底地址字节。某些符号整型变量（signed int）也使用 msb 位作为标志位，并使用二进制的补码表示数值。

长整型变量（1ong int）占用 4 字节（byte），其他与整型变量（int）相似。

在书写变量定义时，应注意以下几点。

- 允许在一个类型说明符后，定义多个相同类型的变量。各变量名之间用逗号间隔。类型说明符与变量名之间至少用一个空格间隔。
- 最后一个变量名之后必须以";"结尾。
- 变量定义必须放在变量使用之前。一般放在函数体的开头部分。

【例 3.1】 整型变量的定义与使用。

```
void main(void)
{
    int a,b,c,d;
    unsigned u;
```

```
    a=12;b=-24;u=10;
    c=a+u;d=b+u;
    printf("a+u=%d,b+u=%d\n",c,d);
}
```

【例3.2】　整型数据的溢出。

```
#include <stdio.h>
void main(void)
{
    int a,b;
    a=32767;
    b=a+1;
    printf("%d,%d\n",a,b);
}
```

3）浮点型变量（float）。

浮点型变量占 4 字节（byte），许多复杂的数学表达式都采用浮点变量数据类型。它用符号位表示数的符号，用阶码和尾数表示数的大小。用它进行任何数学运算都需要使用由编译器决定的各种不同效率等级的库函数。

小知识：

在编程时，为了书写方便，经常使用简化的缩写形式来定义变量的数据类型。其方法是在源程序开头使用#define 语句。

例如：

```
#define uchar unsigned    char
#define U8 unsigned    char
#define uint unsigned    int
#define U32 unsigned    int
```

2．变量的种类

局部变量：定义在函数内部的变量，作用范围仅限于定义它的这个函数内部。

全局变量：定义在函数外部的变量，作用范围是整个程序。

静态局部变量：在定义的局部变量前加上一个 static，如 static int m；定义一次就不再消失，它会把上一次的值保存起来，下一次直接拿来使用。

动态局部变量：定义在函数内部的变量。通常定义的变量就是这种类型。

1）源程序 1。

```
/*******************************************************
*公司名称：    深圳信盈达电子有限公司
*模块名：      全局变量
*版本信息：    V2.1
*说明：

*******************************************************/
```

```
#include <stdio.h>
int m = 50;          //全局变量，公共的资源
void fun()
{
    printf("fun：m = %d\n", m);
}
int main()
{
    int m = 100;
    m = m + 10;
    printf("main：m = %d\n",m);   //当全局变量和局部变量同名时，会优先访问自己的局部变量
    fun();
    return 0;
}
```

2）源程序 2。

```
/***********************************************************
*公司名称：    深圳信盈达电子有限公司
*模块名：      静态局部变量
*版本信息：    V2.1
*说明：
***********************************************************/

#include <stdio.h>
void fun()
{
    static int m = 0;                //静态局部变量
    m++;
    printf("fun：m = %d\n", m);
}
int main()
{
    fun();
    fun();
    fun();
    printf("fun：m = %d\n", m);       //静态变量是局部变量，在定义它的函数外部不能访问
    return 0;
}
```

说明：源程序 2 中的静态变量是局部变量，在定义它的函数外部不能访问，所以源程序 2 不能成功运行。

3）源程序 3。

```
/***********************************************************
*公司名称：    深圳信盈达电子有限公司
*模块名：      静态局部变量
```

```
*版本信息:       V2.1
*说明:
*******************************************************/

#include <stdio.h>
int fun(int i)
{
    static int m = 0;    //静态局部变量。
    m = m + i;
    return m;
}
int main()
{
    int sum;
    /*用静态变量实现从 1+2+3+···+100*/
    for(int i = 1; i <= 100; i++)
        sum = fun(i);
    printf("sum = %d\n", sum);
    return 0;
}
```

3.4　自定义变量类型 typedef

通常，定义变量的数据类型时都使用标准的关键字，以方便别人阅读程序。使用 typedef 可以更利于方便程序的移植及简化较长的数据类型定义。例如，程序设计者对变量的定义习惯使用 DELPHI 关键字，对整型数据习惯使用关键字 integer 定义，在用嵌入式 C 语言时若还使用 integer，则可以这样写：

```
typedef int integer;
integer a,b;
```

第 **4** 章

运算符和表达式

4.1 运算符与表达式

▶ 4.1.1 赋值运算

利用赋值运算符将一个变量与一个表达式连接起来的式子为赋值表达式，在表达式后面加";"便构成了赋值语句。使用"="的赋值语句格式如下：

> 变量 = 表达式；
> 例如：a = 0x10;   //将常数十六进制数 10 赋给变量 a
> f = d-e;   //将变量 d-e 的值赋给变量 f

赋值语句的意义是首先计算出"="右边的表达式的值，然后将得到的值赋给左边的变量，而且右边的表达式可以是一个赋值表达式。

▶ 4.1.2 算术运算

1．算术运算符及算术表达式

嵌入式 C 语言中的算术运算符有如下几个，其中只有取正值和取负值运算符是单目运算符，其他都是双目运算符。

1）+（加法运算符，或正值符号）；

2）-（减法运算符，或负值符号）；

3）*（乘法运算符）；

4）/（除法运算符）；

5）%（模（求余）运算符，如 5%3 的结果是 5 除以 3 所得的余数 2）；

用算术运算符和括号将运算对象连接起来的式子称为算术表达式。运算对象包括常量、变量、函数、数组和结构体等。

算术表达式的形式如下：

> 表达式 1 算术运算符 表达式 2

例如：a+b、(x+4)/(y-b)、y-sin(x)/2。

小知识点：

除法（/）、求余（%）运算符一般用于数的位数分离。例如，将 123 进行位数分离，程序如下：

```
ucahr a,b,c;
a=123/100=1;
b=123%100/10=2;
c=123%100%10=3;
```

2．算术运算的优先级与结合性

算术运算符的优先级规定为：先乘除模，后加减，括号最优先。其中，乘、除、模运算符的优先级相同，并高于加减运算符；括号中的内容优先级最高。

```
a+b*c;          // 乘号的优先级高于加号，故先运算 b*c，所得的结果再与 a 相加
(a+b)*(c-d)-6;  // 括号的优先级最高，*次之，减号优先级最低，故先运算(a+b)和(c-d)，然后将
                // 二者的结果相乘，最后再与 6 相减
```

算术运算的结合性规定为自左至右方向，称为"左结合性"，即当一个运算对象两边的算术运算符优先级相同时，运算对象先与左面的运算符结合。

```
a+b-c;          //b 两边是 "+"、"-"，运算符优先级相同，按左结合性优先执行 a+b 再减 c
```

3．数据类型转换运算

当运算符两侧的数据类型不同时，必须通过数据类型转换将数据转换成为同种类型。转换的方式有自动类型转换和强制类型转换两种。

1）自动类型转换。由嵌入式 C 语言编译器编译时自动进行。数据自动类型转换规则如下：

char→int→long→float→double

signed ───────────→ unsigned

低 ───────────→ 高

2）强制类型转换。需要使用强制类型转换运算符，其形式如下：

```
(类型名) (表达式);
```

例如：

```
(double)××      // 将××强制转换成 double 类型
(int)(a+b)       // 将 a+b 的值强制转换成 int 类型
```

使用强制转换类型运算符后，运算结果被强制转换成为规定的类型。

例如：

```
unsigned char x,y;
unsigned char z;
z= (unsigned   char)(x*y);
```

▶ 4.1.3　关系运算

1．关系运算符

关系运算符有如下几种类型。

1）< （小于）；

2）> （大于）；

3）<= （小于或等于）；

4）>= （大于或等于）；

5）== （等于）；

6）!= （不等于）。

关系运算符同样有着优先级别。前四种具有相同的优先级，后两种也具有相同的优先级。但是，前四种的优先级要高于后两种。关系运算符的结合性为左结合。

2．关系表达式

关系表达式是指用关系运算符连接起来两个表达式。关系表达式通常用来判别某个条件是否满足。要注意的是，关系运算符的运算结果只有"0"和"1"两种，也就是逻辑的"真"与"假"，当指定的条件满足时结果为 1，不满足时结果为 0。关系表达式结构如下：

> 表达式 1 　关系运算符 　表达式 2

例如：

1）a＞b； 若 a>b，则表达式值为 1（真）。

2）b+c＜a； 若 a=3，b=4，c=5，则表达式值为 0（假）。

3）（a＞b）==c； 若 a=3，b=2，c=1，则表达式值为 1（真）。因为 a>b 值为 1，等于 c 值。

4）c==5＞a＞b； 若 a=3，b=2，c=1，则表达式值为 0（假）。

4.1.4　逻辑运算

关系运算符反映两个表达式之间的大于、小于或等于关系，逻辑运算符则用于求条件式的逻辑值。用逻辑运算符将关系表达式或逻辑量连接起来就是逻辑表达式。嵌入式 C 语言提供以下三种逻辑运算。

1）逻辑与（&&）；

2）逻辑或（||）；

3）逻辑非（!）。

逻辑表达式的一般形式如下所示：

逻辑与：条件式 1 && 条件式 2

逻辑或：条件式 1 || 条件式 2

逻辑非：! 条件式

逻辑表达式的结合性为左结合性。逻辑表达式的值应该是一个逻辑值"真"或"假"，以"0"代表"假"，以"1"代表"真"。

逻辑表达式的运算结果不是"0"就是"1"，不可能是其他值。

嵌入式 C 语言逻辑运算符与算术运算符、关系运算符、赋值运算符之间优先级的顺序如下：

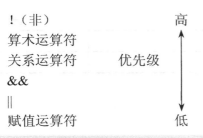

| ！（非）　　　　　　　　　高 |
| 算术运算符 |
| 关系运算符　　优先级 |
| && |
| \|\| |
| 赋值运算符　　　　　　　　低 |

4.1.5　位运算

嵌入式 C 语言直接面对 ARM 等处理器。因此，对于 ARM 等处理器强大灵活的位处理能力提供了位操作指令。

嵌入式 C 语言中共有以下六种位运算符：

1）& 　按位与；

2）| 　按位或；

3）^ 　按位异或；

4）~ 　按位取反；

5）<< 位左移；

6）>> 位右移。

位运算符的作用是按位对变量进行运算，但是并不改变参与运算的变量的值。如果要求按位改变变量的值，则要利用相应的赋值运算。应当注意的是，位运算符不能对浮点型数据进行操作。

位运算一般的表达形式如下：

变量 1 位运算符 变量 2

位运算符也有优先级，从低到高依次是：

| 　（按位或）

^ 　（按位异或）

& 　（按位与）

<< （按位左移）　　>> （按位右移）

~ 　（按位取反）

例如，利用"按位取反"运算符"~"来对一个二进制数按位进行取反，即 0 变 1、1 变 0。

位左移运算符"<<"和位右移运算符用来将一个数的二进制各位全部左移或右移若干位，移位后，空白位补 0，而溢出的位舍弃。

注意，移位运算并不能改变原变量本身。

按位与、或、异或的真值表见表 4.1。

表 4.1　按位与、或、异或的真值表

X	Y	X&Y	X|Y	X^Y
0	0	0	0	0
0	1	0	1	1

（续表）

1	0	0	1	1
1	1	1	1	0

4.1.6　自增减运算及复合运算

1．自增减运算

嵌入式 C 语言提供自增运算"++"和自减运算"--"，使变量值可以自动加 1 或减 1。自增减运算只能用于变量而不能用于常量表达式。应当注意的是，"++"和"--"的结合方向是"自右向左"。

例如：

```
++i;        //在使用 i 之前，先使 i 值加 1；
i ++;       //在使用 i 之后，再使 i 值加 1；
--i;        //在使用 i 之前，先使 i 值减 1；
i--;        //在使用 i 之后，再使 i 值减 1；
```

2．复合运算

复合赋值运算符就是在赋值运算符"="的前面加上其他运算符。

以下是嵌入式 C 语言中的几种复合赋值运算符：

1）+=　加法赋值；

2）-=　减法赋值；

3）*=　乘法赋值；

4）%=　取模赋值；

5）<<=　左移位赋值；

6）>>=　右移位赋值；

7）&=　逻辑与赋值；

8）|=　逻辑或赋值。

复合运算的一般形式如下：

> 变量　复合赋值运算符　表达式

例如：a+=3 等价于 a=a+3；b/=a+5 等价于 b=b/(a+5)。

4.1.7　条件运算符

嵌入式 C 语言也有一个三目运算符，它就是条件运算符"?:"，它可以把三个表达式连接构成一个条件表达式。条件表达式的一般形式如下：

> 逻辑表达式? 表达式 1：表达式 2

条件运算符的作用简单地说就是根据逻辑表达式的值选择使用表达式的值。

当逻辑表达式的值为真（非 0 值）时，整个表达式的值为表达式 1 的值；当逻辑表达式的值为假（值为 0）时，整个表达式的值为表达式 2 的值。

例如，有 a=3、b=5，要求取 a、b 两数中的较大的值放入 c 变量中，则用条件运算符构成条件表达式只需要如下一个语句：

```
c = (a>b)?a : b;
```

4.1.8　逗号运算符

可以用逗号运算符将两个或多个表达式连接起来，形成逗号表达式。

1）逗号表达式的一般形式如下：

表达式 1，表达式 2，表达式 3，…，表达式 n

2）用逗号运算符组成的表达式在程序运行时，是从左到右计算出各个表达式的值，而整个用逗号运算符组成的表达式的值等于最右边表达式的值，就是"表达式 n"的值。

3）在实际的应用中，大部分情况下，使用逗号表达式的目的只是为了分别得到各个表达式的值，而并不一定要得到或使用整个逗号表达式的值。

4）并不是在程序的任何位置出现的逗号，都可以认为是逗号运算符。例如，函数中的参数之间的逗号只是起间隔之用而不是逗号运算符。

4.2　嵌入式 C 语言程序的基本结构总结

1）嵌入式 C 语言程序的基本结构包括头文件、主函数和函数三个部分。

2）嵌入式 C 语言的基本数据类型有字符型、整型、长整型和实型。

3）应严格区分常量与变量。

4）嵌入式 C 语言的运算符与表达式包括赋值运算、算数运算、关系运算、逻辑运算、位运算、自增减运算、复合运算、条件运算符及逗号运算符。

嵌入式 C 语言基本结构程序设计

5.1 概述

嵌入式 C 语言是结构化编程语言。结构化语言的基本元素是模块，它是程序的一部分，只有一个出口和一个入口，不允许有偶然的中途插入或从模块的其他路径退出。结构化编程语言在没有妥善保护或恢复堆栈和其他相关的寄存器之前，不应随便跳入或跳出一个模块。因此，使用这种结构化语言进行编程，当需要退出中断时，堆栈不会因为程序使用了任何可以接收的命令而崩溃。结构化程序由若干模块组成，每个模块中包含着若干个基本结构，而每个基本结构中可以有若干条语句。归纳起来，嵌入式 C 语言程序有顺序结构、选择结构、循环结构共三种结构。

5.2 顺序结构：0 条基本语句

顺序结构是一种最基本、最简单的编程结构。在这种结构中，程序由低地址向高地址顺序执行指令代码，如图 5.1 所示。程序首先执行 A 操作，再执行 B 操作，二者是顺序执行的关系。

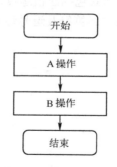

图 5.1 顺序结构流程图

5.3 选择结构：2 条基本语句（if 和 switch-case-break）

在选择结构中，程序首先对一个条件语句进行测试。当条件为"真"（True）时，执行一个方向上的程序流程；当条件为"假"（False）时，执行另一个方向上的程序流程，分支程序有三种基本形式，如图 5.2 所示。

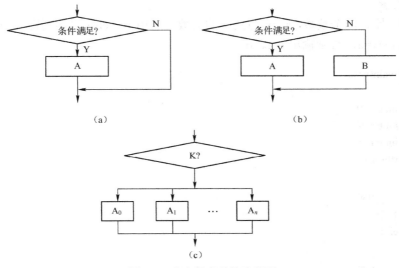

图 5.2 分支程序结构流程图

▶ 5.3.1 if 语句

嵌入式 C 语言的 if 语句有以下三种基本形式。

1）基本形式 if（表达式）语句。

其语义是：如果表达式的值为真，则执行其后的语句，否则不执行该语句。其过程可用图 5.2（a）表示。

【例 5.1】 比较两个整数，max 为其中的大数。

```
void main(void)
{
    int a = 10;
    int b = 20;
    int max;
    max=a ;
    if(max<b)
    {
        max=b ;
    }
}
```

2）if…else 形式。

```
if(表达式)
    语句1;
else
    语句2;
```

其语义是：如果表达式的值为真，则执行语句 1，否则执行语句 2 。其过程可用图 5.2（b）表示。

【例 5.2】 比较两个整数，max 为其中的大数。改用 if…else 语句判别 a、b 的大小，若 a 大，则输出 max=a，否则输出 max=b。

```
void main(void)
{
    int a = 10;
    int b = 8;
    int max;
    if(a>b)
    {
        max=a ;
    }
    else
    {
        max=b ;
    }
}
```

3）if…else…if 形式。

前两种形式的 if 语句一般都用于两个分支的情况。当有多个分支可以选择时，则可采用 if…else…if 语句，其一般形式如下：

```
if(表达式 1)
        语句 1；
    else if(表达式 2)
        语句 2；
    else if(表达式 3)
        语句 3；
        …
    else if(表达式 m)
        语句 m；
    else
        语句 n；
```

其语义是：依次判断表达式的值，当出现某个值为真时，则执行其对应的语句，然后跳到整个 if 语句之外继续执行程序；如果所有的表达式均为假，则执行语句 n，然后继续执行后续程序。其过程可用图 5.3 表示。

使用 if 语句应注意以下几个问题。

① 在三种形式的 if 语句中，if 关键字之后均为表达式。该表达式通常是逻辑表达式或关系表达式，但也可以是其他表达式，如赋值表达式等，甚至也可以是一个变量。例如，if(a=5)、if(b)都是允许的。只要表达式的值为非 0，即为"真"。例如，if(a=5)表达式的值永远为非 0，所以其后的语句总是要执行的，当然这种情况在程序中不一定会出现，但在语法上是合法的。

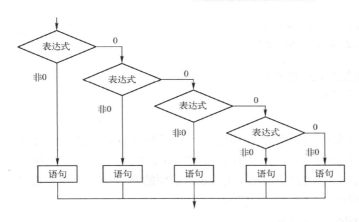

图 5.3　if…else…if 形式流程图

② 在 if 语句中，条件判断表达式必须用括号括起来，在语句之后必须加分号。

③ 在 if 语句的三种形式中，所有的语句应为单个语句，如果要想在满足条件时执行一组（多个）语句，则必须把这一组语句用"{}"括起来组成一个复合语句。但要注意的是，在"}"之后不能再加分号。

【例 5.3】　if 语句实例。

```c
#include "stdio.h"
void main(void)
{
    unsigned int a = 10, b= 20;
    if(a>b)
    {
        a++;
        b++;
    }
    else
    {
        a=0 ;
        b=10 ;
    }
printf("%d,%d\n",a,b);
}
```

执行结果：0，10

5.3.2　switch-case 语句

嵌入式 C 语言还提供了另一种用于多分支选择的 switch 语句，其一般形式如下：

```c
switch(表达式)
{
```

```
case 常量表达式 1: 语句 1;
case 常量表达式 2: 语句 2;
…
case 常量表达式 n: 语句 n;
default : 语句 n+1;
}
```

其语义是：计算表达式的值，并逐个与其后的常量表达式值相比较，当表达式的值与某个常量表达式的值相等时，即执行其后的语句，然后不再进行判断，继续执行后面所有 case 后面的语句；当表达式的值与所有 case 后面的常量表达式均不相同时，则执行 default 后的语句。其过程可用图 5.2（c）表示。

【例 5.4】 switch 语句实例。

```
#include "stdio.h"
void main()
{
    char dat;
    dat=3;
    switch(dat)
    {
            case 0:printf("Sunday\t");
            case 1:printf("Monday\t");
            case 2:printf("Tuesday\t");
            case 3:printf("Wednesday\t");
            case 4:printf("Thursday\t");
            case 5:printf("Friday\t");
            case 6:printf("Saturday\t");
    }
}
```

执行结果： Wednesday   Thursday   Friday   Saturday

【例 5.5】 switch-case-break 语句实例。

```
#include "stdio.h"
void main()
{
    char dat;
    dat=3;
    switch(dat)
    {
            case 0:printf("Sunday\t");break;
            case 1:printf("Monday\t");break;
            case 2:printf("Tuesday\t");break;
            case 3:printf("Wednesday\t");break;
            case 4:printf("Thursday\t");break;
            case 5:printf("Friday\t");break;
```

```
        case 6:printf("Saturday\t");break;
            default: printf("get a worng number\t");break;

        }
    }
```

执行结果：Wednesday

【例 5.6】　switch-case-break-default 语句实例。

```
#include "stdio.h"
void main()
{
    char dat;
    dat=8;
    switch(dat)
    {
            case 0:printf("Sunday\t");break;
            case 1:printf("Monday\t");break;
            case 2:printf("Tuesday\t");break;
            case 3:printf("Wednesday\t");break;
            case 4:printf("Thursday\t");break;
            case 5:printf("Friday\t");break;
            case 6:printf("Saturday\t");break;
            default: printf("get a worng number\t");break;

    }
}
```

执行结果：get a worng number

在使用 switch 语句时还应注意以下几点。

1）在 case 后的各常量表达式的值不能相同，否则会出现错误。

2）在 case 后，允许有多个语句，可以不用"{}"括起来。

3）各 case 和 defaul 语句的先后顺序可以变动，而不会影响程序执行结果。

4）default 语句可以省略不用。

5.4　break 基本语句

嵌入式 C 语言还提供了一种 break 语句，用于跳出 switch 语句。break 语句只有关键字 break，没有参数。

在每个 case 语句之后增加 break 语句，使每一次执行之后均可跳出 switch 语句，从而避免输出不应有的结果。

5.5　循环结构：3 条基本语句（while、do…while、for）

程序设计中，常常要求某一段程序重复执行多次，这时可采用循环结构程序。这种结构可大大简化程序，但程序执行的时间并不会减少。循环程序的结构流程图如图 5.4 所示。

如图 5.4（a）所示是典型的"当型"循环结构，控制语句在循环体之前，所以在结束条件已具备的情况下，循环体程序可以一次也不执行。嵌入式 C 语言提供了 while 和 for 语句实现这种循环结构。

如图 5.4（b）所示的循环结构，其控制部分在循环体之后，因此，即使在执行循环体程序之前结束条件已经具备，循环体程序也至少还要执行一次 ，故称为"直到型"循环结构。嵌入式 C 语言提供了 do…while 语句实现这种循环结构。

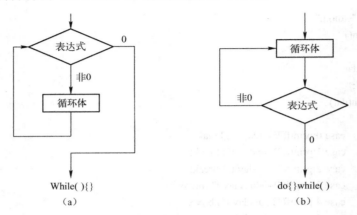

图 5.4　循环程序结构流程图

循环程序一般包括如下四个部分。

1）初始化：置循环初值，即设置循环开始的状态，如设置地址指针、设定工作寄存器、设定循环次数等。

2）循环体：这是要重复执行的程序段，是循环结构的基本部分。

3）循环控制：循环控制包括修改指针、修改控制变量和判断循环是结束还是继续。修改指针和变量是为下一次循环判断做准备，当符合结束条件时，结束循环；否则，继续循环。

4）结束：存放结果或做其他处理。

在循环程序中，有以下两种常用的控制循环次数的方法。

1）循环次数已知，这时把循环次数作为循环计算器的初值，当计数器的值加满或减为 0 时，即结束循环；否则，继续循环。

2）循环次数未知，这时可根据给定的问题条件来判断循环是否继续。

▶ 5.5.1　while 语句

while 语句的一般形式如下：

```
while(表达式)　语句;
```

其中，表达式是循环条件，语句为循环体。

while 语句的语义是：计算表达式的值，当值为真（非 0）时，执行循环体语句。其执行过程可用图 5.4（a）表示。

使用 while 语句应注意以下几点。

1）while 语句中的表达式一般是关系表达或逻辑表达式，只要表达式的值为真（非 0）即可继续循环。

2）循环体如包括有 1 条以上的语句，则必须用{}括起来，组成复合语句。

3）应注意循环条件的选择，以避免死循环。

5.5.2　do…while 语句

do…while 语句的一般形式如下：

```
do
{
    语句;
} while(表达式);
```

其中，语句是循环体，表达式是循环条件。

do…while 语句的语义是：首先执行循环体语句一次，再判别表达式的值，若为真（非 0）则继续循环，否则终止循环。

do…while 语句和 while 语句的区别有以下几点。

1）do…while 语句是先执行后判断，因此 do…while 至少要执行一次循环体。

2）while 语句是先判断后执行，如果条件不满足，则循环体语句一次也不执行。

while 语句和 do…while 语句一般都可以相互改写。

【例 5.7】　do…while 语句实例。

```
void main(void)
{
unsigned int a=1;
unsigned char x=1;
do
    {
     x=x+1;
    }while(a);
}
```

执行结果：如果 a=0，那么 x=2；如果 a 不为 0，如为 1，则 x 值不确定。

5.5.3　for 语句

for 语句的一般形式如下：

```
for([变量赋初值]; [循环继续条件]; [循环变量增值])
    { 循环体语句组; }
```

其执行流程如图 5.5 所示。

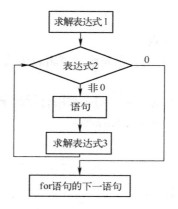

图 5.5 for 语句执行流程图

for 语句的执行过程如下。

1）求解"变量赋初值"表达式 1。

2）求解"循环继续条件"表达式 2。如果其值非 0，执行步骤 3）；否则，转至步骤 4）。

3）执行循环体语句组，并求解"循环变量增值"表达式 3，然后转向 2）。

4）执行 for 语句的下一条语句。

应当注意如下几个问题。

1）"变量赋初值"、"循环继续条件"和"循环变量增值"部分均可省略，甚至全部省略，但其间的分号不能省略。

2）当循环体语句组仅由一条语句构成时，可以不使用复合语句形式。

3）"循环变量赋初值"表达式 1，既可以是给循环变量赋初值的赋值表达式，也可以是与此无关的其他表达式（如逗号表达式）。

4）"循环继续条件"部分是一个逻辑量，除一般的关系（或逻辑）表达式外，还允许是数值（或字符）表达式。

for 语句中的各表达式都可省略，但分号间隔符不能少。例如：

```
for(；表达式；表达式);       //省略了表达式 1
for(表达式;；表达式);        //省略了表达式 2
for(表达式；表达式；);        //省略了表达式 3
for(；；);                   //省略了全部表达式
```

在循环变量已赋初值后，可省略表达式 1。如果省略表达式 2 或表达式 3 则将造成无限循环，这时应在循环体内设法结束循环。

【例 5.8】 for 语句实例。

```
#include "stdio.h"
void main(void)
{
    unsigned char x=1,z=1,y,i;
```

```
      for(i=0;i<2;i++)
      {
       x=x+1;
      }
    z=z+1;
      y=x;
   printf("%d,%d,%d\n",x,y,z);
   }
```

执行结果：y=x=3，z=2

例 5.8 程序流程图如图 5.6 所示。

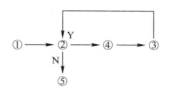

图 5.6　程序流程图

5.5.4　循环嵌套

如果循环语句的循环体内又包含另一个完整的循环结构，则称为循环的嵌套。循环嵌套的概念对所有高级语言都是一样的。

for 语句和 while 语句都允许嵌套，do…while 语句也不例外。

5.6 其他语句（转移语句）：4 条基本语句（break、continue、goto、return）

如果需要改变程序的正常流向，则可以使用本节介绍的转移语句；嵌入式 C 语言提供了四种转移语句，包括 break、continue、goto 和 return。其中，return 语句通常出现在被调用函数中，用于返回主调函数。

5.6.1　循环语句中的 break 语句

break 语句只能用在 switch 语句或循环语句中（仅能用于 for、while、do…while 循环语句），其作用是跳出 switch 语句或跳出本层循环，转去执行后面的程序。由于 break 语句的转移方向是明确的，所以不需要语句标号与之配合。

break 语句的一般形式如下：

```
break;
```

注意：break 语句只能用于 switch-case-break 和循环语句！

【例 5.9】　break 语句实例。

```
#include "stdio.h"
void main(void)
{
    unsigned char a=1,b=1;
    unsigned int n;
    for(n=1;n<2;n++)
    {
        a=a+1;
        break;
        b=b+1;
    }
    while(1)
    break;
    printf("%d,%d\n",a,b);
}
```

执行结果：a=2，b=1

5.6.2 continue 语句

continue 语句只能用在循环体中（仅能用于 for、while、do…while 循环语句），其一般格式如下：

```
continue;
```

其语义是：结束本次循环，即不再执行循环体中 continue 语句之后的语句，转入下一次循环条件的判断与执行。应注意的是，本语句只结束本层本次的循环，并不跳出循环。

【例 5.10】 continue 语句实例。

```
#include "stdio.h"
void main(void)
{
    unsigned char a=1,b=1;
    unsigned int n ;
    for(n=0;n<2;n++)
    {
        a=a+1 ;
        continue ;
        b=b+1 ;
    }
    printf("%d,%d\n",a,b);
}
```

执行结果：a=3，b=1

5.6.3 goto 语句

goto 语句也称为无条件转移语句，其一般格式如下：

```
goto 语句标号；
```

其中，语句标号是按标识符规定书写的符号，放在某一语句行的前面，标号后加冒号

"："。语句标号起标识语句的作用，与 goto 语句配合使用。在结构化程序设计中一般不主张使用 goto 语句，以免造成程序流程的混乱。

5.6.4　return 语句

return 语句仅用于被调用函数的返回。

【例 5.11】　return 语句实例。

```
#include "stdio.h"
char max(int a,int b)
{
    int c;
    if(a>b){c=a;}
    else {c=b;}
  return c;
}
void main()
{
   int k;
  k=max(10,18);
printf("k=%d\n",k);
}
```

执行结果：a=18

5.7　嵌入式 C 语言基本结构总结

嵌入式 C 语言有 9 条基本语句、32 个关键字。

9 条基本语句如下。

1）顺序结构语句：0 条基本语句。

2）选择结构语句：2 条基本语句（if、switch-case-break）。

3）循环结构语句：3 条基本语句（for、while、do…while）。

4）转移语句：4 条基本语句（break、continue、goto、return）。

32 个关键字如下：

数据类型：（12）

signed	unsigned	void	char	short
int	long	float	double	enum
struct	union			

存储类别：（4）

auto	static	register	volatile

控制语句：（12）

if	else	switch	case	default
do	while	for	break	continue
goto	return			

其他：（4）

extern	sizeof	typedef	const

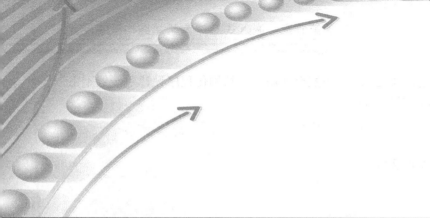

第6章
函数

6.1 函数概述

嵌入式 C 语言中的所有函数与变量一样，在使用之前必须声明。所谓声明是指说明函数是什么类型的函数，一般库函数的声明都包含在相应的头文件<*.h>中，

例如：标准输入输出函数包含在"stdio.h"中，非标准输入输出函数包含在"io.h"中。

在使用库函数时，必须首先知道该函数包含在什么样的头文件中，在程序的开头用#include <*.h>或#include"*.h"说明。只有这样程序才会编译通过。

6.2 函数声明

函数声明形式如下：

函数类型　函数名(数据类型　形式参数，数据类型　形式参数,...);

其中，函数类型是该函数返回值的数据类型，可以是以前介绍的整型（int）、长整型（long）、字符型（char）、单浮点型（float）、双浮点型（double）及无值型（void），也可以是指针（包括结构指针）。无值型表示函数没有返回值。

函数名为嵌入式 C 语言的标识符，小括号中的内容为该函数的形式参数说明。

可以只有数据类型而没有形式参数，也可以两者都有。

对于经典的函数说明没有参数信息。

例如：

```
int putlll(int x,int y,int z,int color,char *p)      /*说明一个整型函数*/
char *name(void);                                     /*说明一个字符串指针函数*/
void student(int n, char *str);                       /*说明一个不返回值的函数*/
```

注意：如果一个函数类型没有声明就被调用，则编译程序时并不认为出错，而将此函数默认为整型（int）函数。因此，当一个函数返回其他类型，又没有事先说明时，则编译时将会出错。

6.3 函数定义

函数定义就是确定该函数完成什么功能，以及怎么运行，相当于其他语言的一个子程序。

嵌入式 C 语言对函数的定义采用 ANSI C 规定的方式，即：

> 函数类型 函数名(数据类型 形式参数, 数据类型 形式参数,...)
> {
>   函数体;
> }

其中，函数类型和形式参数的数据类型为嵌入式 C 语言的基本数据类型。

函数体为 C 语言提供的库函数和语句及其他用户自定义函数调用语句的组合，并包括在一对花括号"{ }"中。需要指出的是，一个程序必须有一个主函数，其他用户定义的子函数可以是任意多个。这些函数的位置并没有什么限制，可以在 void main(void)函数前,也可以在其后。

嵌入式 C 语言将所有函数都认为是全局性的，而且是外部的，即可以被另一个文件中的任何一个函数调用。

6.4 函数的调用

▶ 6.4.1 函数的简单调用

嵌入式 C 语言调用函数时直接使用函数名和实参的方法，也就是首先把要赋给被调用函数的参量，按该函数说明的参数形式传递过去，然后进入子函数运行，运行结束后再将一个值按子函数规定的数据类型返回给调用函数。

【例 6.1】 输入两个整数，输出其中值较大的。

```
#include<stdio.h>
int max(int a,int b);/*声明一个用户自定义函数*/
int max(int a,int b)
{
    if(a>b)
    return a ;
    else
    return b ;
}

void main(void)
{
    int x,y,z ;
    printf("input two numbers:\n");
```

```
        scanf("%d%d",&x,&y);
        z=max(x,y);
        /*调用函数*/
        printf("maxmum=%d",z);
    }
```

6.4.2 函数的参数传递

1. 调用函数以形式参数向被调用函数传递

用户编写的函数一般在对其说明和定义时就规定了形式参数类型,因此调用这些函数时参量必须与子函数中形式参数的数据类型、顺序和数量完全相同。

注意:

当数组作为形式参数向被调用函数传递时,只传递数组的地址,而不是将整个数组元素都复制到函数中去,即用数组名作为实参调用子函数,调用时指向该数组第一个元素的指针被传递给子函数,用数组元素作为函数参数传递。当传递数组的某个元素时,数组元素作为实参,此时按使用其他简单变量的方法使用数组元素。

【例 6.2】 函数的参数传递实例。

```
/*******************************************************************
****  深圳信盈达电子有限公司
****  模块名:main.c
****  功  能:跑马灯测试程序
****  说  明:  8 个 LED 分别接在 P2 口
*******************************************************************/
#include <reg52.h>            /*嵌入式 C 语言头文件*/
#define uchar unsigned char   /*声明变量 uchar 为无符号字符型,长度为 1 字节,值域范围为
                                0~255*/
#define uint   unsigned int   /*声明变量 uint 为无符号整型,长度为 2 字节,值域范围为
                                0~65535*/
void delay(unsigned int t);   /*函数声明 delay()延时*/
/*******************************************************************
****  函数名:   delay()
****  形   参:   t 延时时间长度
****  功   能:   延时函数
****  说   明:  一定时间长度的延时,时间可调
*******************************************************************/
void delay(unsigned int t)
{
    for(;t!=0;t--);
}


/*******************************************************************
****  函数名:main()
****  形   参:无
```

```
**** 功  能：主程序 P2 口跑马灯测试程序
**** 说  明：8 个 LED 分别接在 P2 口
*************************************************************************/
void main(void)
{
    uchar i ;
    /*声明无符号字符变量 i*/
    delay(1000);
    /*函数调用延时子程序*/
    P2=0xff ;
    while(1)
    {
        for(i=0;i<8;i++)
        {
            P2=~(0x01<<i);
            //左位移运算符，用来将 1 个数的各二进制全部左移
            //移位后，空白位补 0，而溢出的位舍弃
            delay(50000);
            //50000 是实参
        }
    }
}
```

2．被调用函数向调用函数返回值

一般使用 return 语句由被调用函数向调用函数返回值，该语句有下列几种用途。

1）它能够立即从所在的函数中退出，返回到调用它的程序中。

2）返回一个值给调用它的函数。

有两种方法可以终止子函数运行并返回到调用它的函数中。

1）执行到函数的最后一条语句后返回。

2）执行到语句 return 时返回。

前者当子函数执行完后仅返回给调用函数一个"0"。若要返回一个值，就必须用 return 语句。只需在 return 语句中指定返回的值即可。return 语句可以向调用函数返回值，但这种方法只能返回一个参数。

3．用全局变量实现参数互传

如果将所要传递的参数定义为全局变量，则可使变量在整个程序中对所有函数都可见。全局变量的数目受到限制，特别是对于较大的数组更是如此。

【例 6.3】 以下实例程序中，m[10]数组是全局变量，数据元素的值在 disp()函数中被改变后，回到主函数中得到的依然是被改变后的值。

```
#include<stdio.h>
void disp(void);
int m[10];
/*定义全局变量*/
```

```
void main(void)
{
    int i ;
    printf("In main before calling\n");
    for(i=0;i<10;i++)
    {
        m[i]=i ;
        printf("%3d",m[i]);
        /*输出调用子函数前数组的值*/
    }
    disp();
    /*调用子函数*/
    printf("\nIn main after calling\n");
    for(i=0;i<10;i++)
    printf("%3d",m[i]);
    /*输出调用子函数后数组的值*/
    getchar();
}
void disp(void)
{
    int j ;
    printf("In subfunc after calling\n");
    /*在子函数中输出数组的值*/
    for(j=0;j<10;j++)
    {
        m[j]=m[j]*10 ;
        printf("%3d",m[j]);
    }
}
```

执行结果：0，1，2，3，4，5，6，7，8，9

　　　　　0，10，20，30，40，50，60，70，80，90

　　　　　0，10，20，30，40，50，60，70，80，90

▶ 6.4.3　函数的递归调用

　　嵌入式 C 语言允许函数自己调用自己，即函数的递归调用。递归调用可以使程序简洁、代码紧凑，但是需要牺牲内存空间作为处理时的堆栈。例如，要求一个 n!（n 的阶乘）的值可用下面的递归调用。

　　【例 6.4】　求 n!实例程序。

```
#include<stdio.h>
unsigned long mul(int n);
 void main(void)
 {
```

```
        int m ;
        puts("Calculate n! n=?\n");
        scanf("%d",&m);
        /*等待键盘输入数据*/
        printf("%d!=%ld\n",m,mul(m));
        /*调用子程序计算并输出*/
        getchar();
}
unsigned long mul(int n)
{
        unsigned long p ;
        if(n>1)
        {
                p=n*mul(n-1);
        }
        /*递归调用计算 n!*/
        else
        {
                p=1L ;
        }
        return(p);
        /*返回结果*/
}
```

执行结果：calculate n! n=?

输入 5 时的结果：5!=120

6.5 数组作为函数参数

数组可以作为函数的参数，用于进行数据传送。数组用作函数参数有两种形式，一种是把数组元素（下标变量）作为实参使用；另一种是把数组名作为函数的形参和实参使用。

1．数组元素作为函数实参

数组元素就是下标变量，它与普通变量并无区别。因此，它作为函数实参使用与普通变量是完全相同的。在发生函数调用时，把作为实参的数组元素的值传送给形参，实现单向的值传送。

【例 6.5】 判别一个整数数组中各元素的值，若大于 0 则输出该值，若小于等于 0 则输出 0。

```
        void nzp(int v)
        {
                if(v>0)
                        printf("%d",v);
                else
```

```
            printf("%d",0);
    }
main()
{
    inta[5],i;
    printf("input5numbers\n");
    for(i=0;i<5;i++)
      {scanf("%d",&a[i]);
       nzp(a[i]);
      }
}
```

2. 数组名作为函数参数

【例 6.6】 数组 a 中存放了一个学生 5 门课程的成绩，求平均成绩。

```
float aver(float a[5])
{
    int    i;
    float    av, s = a[0];
    for(i=1;i<5;i++)
       s=s+a[i];
    av=s/5;
    returnav;
}
void main()
{
    float    sco[5];
    inti;
    printf("\ninput5scores:\n");
    for(i=0;i<5;i++)
       scanf("%f",&sco[i]);
    av=aver(sco);
    printf("averagescoreis%5.2f",av);
}
```

6.6 函数作用范围与变量作用域

嵌入式 C 语言中，每个函数都是独立的代码块，函数代码归该函数所有，除了对函数的调用以外，其他任何函数中的任何语句都不能访问它。

例如，使用跳转语句 goto 就不能从一个函数跳进其他函数内部。除非使用全局变量，否则一个函数内部定义的程序代码和数据，不会与另一个函数内的程序代码和数据相互影响。

嵌入式 C 语言中所有函数的作用域都处于同一嵌套中，即不能在一个函数内再说明或定义另一个函数。

嵌入式 C 语言中，一个函数对其他子函数的调用是全程的，即使函数在不同的文件中，也不必附加任何说明语句而被另一函数调用。也就是说，一个函数对于整个程序都是可见的。

在嵌入式 C 语言中，变量可以在各个层次的子程序中加以说明。也就是说，在任何函数中，变量说明只允许在一个函数体的开头处说明，而且允许变量的说明（包括初始化）跟在一个复合语句的左大括号的后面，直到配对的右大括号为止。它的作用域仅在这对大括号内，当程序执行出大括号时，它将不复存在。当然，内层中的变量即使与外层中的变量名字相同，它们之间也是没有关系的。

【例 6.7】 全局变量与局部变量实例。

```c
#include<stdio.h>
int i=10 ;
void main(void)
{
    int i=1 ;
    printf("%d\t",i);
    {
        int i=2 ;
        printf("%d\t",i);
        {
            extern i ;
            i+=1 ;
            printf("%d\t",i);
        }
        printf("%d\t",++i);
    }
    printf("%d\n",++i);
    return 0 ;
}
```

执行结果： 1　　2　　11　　　3　　2

6.7 函数总结

1）函数组成包括函数声明、子函数和函数调用。

2）函数的两个原则如下。

① 如果函数有类型，那么它一定有返回值；如果函数无类型（类型为空 void），那么它一定没有返回值。

② 如果函数有形式参数，那么它一定由实参向形参传递数据。

3）函数递归调用：函数自己调用自己称为函数的递归调用。

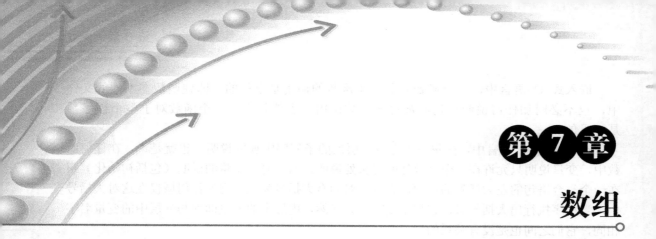

第 7 章

数组

数组是一种构造类型的数据，通常用来处理具有相同属性的一批数据。本章主要介绍一维数组、二维数组、多维数组及字符数组的定义、初始化、引用及应用。

嵌入式 C 语言还提供了构造类型的数据，包括数组类型、结构体类型和共用体类型。构造类型数据是由基本类型数据按一定规则组成的，因此又称它们为"导出类型"。

7.1 一维数组

7.1.1 一维数组的定义

一维数组的定义方式如下：

> 类型说明符　数组名[整型常量表达式];

例如：

> int a[10];

表示数组名为 a，此数组有 10 个元素。

一维数组定义说明如下。

1）数组名的命名规则和变量名相同，遵循标识符命名规则。

2）数组名后是用方括号括起来的常量表达式，不能用圆括号，如 int a(10)就是错误的。

3）常量表达式表示元素的个数，即数组长度。

例如，在 a[10]中，10 表示 a 数组有 10 个元素，下标从 0 开始，这 10 个元素分别是 a[0]、a[1]、a[2]、a[3]、a[4]、a[5]、a[6]、a[7]、a[8]、a[9]。

注意：不能使用数组元素 a[10]。

4）常量表达式中可以包括常量和符号常量，不能包含变量。也就是说，嵌入式 C 语言不允许对数组的大小做动态定义，即数组的大小不依赖于程序运行过程中变量的值。

例如，下面这样定义数组是错误的：

> int n;
> scanf("%d", &n);
> int a[n];

▶ 7.1.2　一维数组元素的引用

数组必须"先定义，后使用"。嵌入式 C 语言规定只能逐个引用数组元素而不能一次引用整个数组。

数组元素的表示形式为：

数组名[下标]

下标可以是整型常量或整型表达式。例如：

a[0]=a[5]+a[7]-a[2*3]

▶ 7.1.3　一维数组的初始化

对数组元素的初始化可以使用以下方法实现。

1）在定义数组时对数组元素赋以初值。

例如：

int a[10]={0，1，2，3，4，5，6，7，8，9};

2）可以只给一部分元素赋值。

例如：

int a[10]={0，1，2，3，4};

定义 a 数组有 10 个元素，但花括弧内只提供 5 个初值，这表示只给前面 5 个元素赋初值，后 5 个元素值为 0。

3）如果想使一个数组中全部元素值为 0，可以写为：

int　a[10] = {0,0,0,0,0,0,0,0,0,0};

或者写为：

int　a[10] = {0};

不能写为：

int　a[10] = {0} * 10;

4）在对全部数组元素赋初值时，可以不指定数组长度。例如：

int a[5]={1，2，3，4，5};

可以写为：

int a[ ]={1，2，3，4，5};

【例 7.1】　用数组实现求 10 个数的和。

```
#include <stdio.h>
int main()
```

```
    {
        int a[10] = {3, 20, 7, 8, 123, 23, 28, 9, 2, 10}; //定义 10 个元素的数组

        int i = 0;
        int sum = 0;                    //保存和
        for(i = 0; i < 10; i++)         //依次遍历数组，取每一个元素之后加到 sum 中
        {
            sum += a[i];
        }
        printf("sum = %d\n", sum);   //输出 sum 的值
        return 0;
    }
```

执行结果：sum=233

【例 7.2】 假设有 10 个数已经按照从小到大的顺序存放在数组中，要求从键盘输入 1 个整数，插入这 10 个数中，使数组仍然是从小到大的顺序排列。

```
#include <stdio.h>

int main()
{
    //数组元素个数为 11 个，预留 1 个是插入的
    int a[11] = {2, 5, 7, 9, 12, 16, 19, 22, 39, 59};
    int num = 0;
    int i = 0;
    printf("please input a num : ");
    scanf("%d", &num);
    for(i = 9; i >= 0; i--)     /* 从最后 1 个数开始往前找比 num 小的数 */
    {
        if(num < a[i])      /* 如果找到的数比 num 大，则将该数往后移 1 个位置 */
        {
            a[i + 1] = a[i];
        }
        else                    /* 如果找到比 num 小的数为 a[i]，则将 num 放到 a[i]的后面，即 a[i+1] */
        {
            a[i + 1] = num;
            break;      /* 表示已经找到，num 已经存入数组则结束循环 */
        }
    }
    if(i < 0)                   /* 循环结束有两种：一种是执行到最后 i<0；另一种是找到之后
                                   break 跳出*/
    {
        a[0] = num;
    }
    for(i = 0; i < 11; i++)
    {
        printf("%d    ", a[i]);
```

```
        }
        printf("\n");
        return 0;
    }
```

7.2　二维数组

7.2.1　二维数组的定义

二维数组定义的一般形式如下：

> 类型说明符　数组名[常量表达式] [常量表达式]

例如：

> float a[3][4]，b[5][10];

不能写为：

> float a[3，4]，b[5，10];

说明一下：这样就变成了一个一维数组了。

7.2.2　二维数组元素的引用

引用二维数组元素的形式如下：

数组名[行下标表达式][列下标表达式]

1)"行下标表达式"和"列下标表达式"都应是整型表达式或符号常量。

2)"行下标表达式"和"列下标表达式"的值都应在已定义数组大小的范围内。假设有数组 x[3][4]，则可用的行下标范围为 0～2，列下标范围为 0～3。

3)对基本数据类型的变量所能进行的操作，也都适用于相同数据类型的二维数组元素。

7.2.3　二维数组的初始化

1)按行赋初值的形式如下：

> 数据类型　数组名[行常量表达式][列常量表达式]={{第 0 行初值表}，{第 1 行初值表}，...，{最后 1 行初值表}};

赋值规则是：将"第 0 行初值表"中的数据，依次赋给第 0 行中各元素；将"第 1 行初值表"中的数据，依次赋给第 1 行各元素；依次类推。

2)按二维数组在内存中的排列顺序给各元素赋初值的形式如下：

> 数据类型　数组名[行常量表达式][列常量表达式]={初值表};

赋值规则是：按二维数组在内存中的排列顺序，将初值表中的数据依次赋给各元素。

如果对全部元素都赋初值，则"行数"可以省略。

注意：只能省略"行数"。

【**例 7.3**】 要使用二维数组实现：求 1 个 3×4 的矩阵的转置矩阵（将原来矩阵的行变成新矩阵的列，原来矩阵的列变成新矩阵的行）。

```c
#include <stdio.h>

int main()
{
    int a[3][4] = {2, 5, 7, 9, 6, 14, 20, 8, 15, 0, 12, 3};
    int b[4][3] = {0};
    int i = 0;
    int j = 0;
    for(i = 0; i < 4; i++)
    {
        for(j = 0; j < 3; j++)
        {
            b[i][j] = a[j][i]; //a 的行对应 b 的列
        }
    }

    for(i = 0; i < 4; i++)
    {
        for(j = 0; j < 3; j++)
        {
            printf("%-4d", b[i][j]);
        }
        printf("\n");
    }
    return 0;
}
```

【**例 7.4**】 按以下输出格式打印杨辉三角的前 10 行。

```c
#include <stdio.h>

int main()
{
    int a[11][11] = {0};    //11 表示从下标 1 到 10，舍去了 0 下标
    int i = 0;
    int j = 0;
    for(i = 1; i < 11; i++)
    {
        a[i][i] = 1;        //斜角线上全是 1
        a[i][1] = 1;        //第 1 列全是 1
    }
    //从第 3 行第 2 列开始，每 1 个数值都是它上面的数值加上上面数的左边的数
    for(i = 3; i < 11; i++)
    {
        for(j = 2; j < i; j++)
        {
            a[i][j] = a[i - 1][j] + a[i - 1][j - 1];
```

```
            }
        }
        //输出杨辉三角
        for(i = 1; i < 11; i++)
        {
            for(j = 1; j <= i; j++)
            {
                printf("%-4d", a[i][j]);
            }
            printf("\n");
        }
        return 0;
    }
```

执行结果：

```
1
1   1
1   2   1
1   3   3   1
1   4   6   4   1
1   5   10  10  5   1
…
```

7.3　字符数组

用来存放字符数据的数组称为字符数组。字符数组类型说明的形式与前面介绍的数值数组相同。

例如：

```
    char c[10];
    char c[5][10];          //即为二维字符数组。字符数组也允许在类型说明时进行初始化赋值
    static char c[] = {'C', ' ', 'p', 'r', 'o', 'g', 'r', 'a', 'a', 'm', '\0'};
                            // 当对全体元素赋初值时也可以省略长度说明
```

字符串在 C 语言中没有专门的字符串变量，通常用 1 个字符数组来存放 1 个字符串。

字符串总是以“\0”作为串的结束符。因此，当把 1 个字符串存入 1 个数组时，也把结束符“\0”存入数组，并以此作为该字符串是否结束的标志。

有了“\0”标志后，就不必再用字符数组的长度来判断字符串的长度了。

嵌入式 C 语言允许用字符串的方式对数组进行初始化赋值。例如：

```
    static char c[] = {'C', ' ', 'p', 'r', 'o', 'g', 'r', 'a', 'a', 'm', '\0'};
```

可写为：

```
    static char c[]={"C program"};
```

或去掉{}写为：

```
sratic char c[]="C program";
```

用字符串方式赋值比用字符逐个赋值要多占 1 个字节，以用于存放字符串结束标志 "\0"。

除了上述用字符串赋初值的方法外，还可用 printf 函数和 scanf 函数一次性输入/输出 1 个字符数组中的字符串，而不必使用循环语句逐个地输入/输出每个字符。

【例 7.5】 字符串输出实例。

```
#include <stdio.h>
void main(void)
{
    static char c[]="BASIC\ndBASE" ;
    printf("%s\n",c);
}
```

注意：在本例的 printf 函数中，使用的格式字符串为 "%s"，表示输出的是一个字符串。

【例 7.6】 输入 1 行字符，统计其中大写字母的个数，并将所有的大写字母转化为小写字母后输出。

```
#include <stdio.h>

int main()
{
    char a[20] = {'\0'};
    int i = 0;
    int iCount = 0;
    printf("please input a string:");
    gets(a);                            //接收 1 行字符串，自动将 "\n" 转化为 "\0"
    while(a[i] != '\0')                 //判断是否到达字符串的末尾
    {
        if(a[i] >= 'A' && a[i] <= 'Z')  //如果是大写字母
        {
            iCount++;                   //个数+1
            a[i] += 32;                 //将大写字母转为小写字母
        }
        i++;
    }
    printf("the num of UPPER char is : %d\n", iCount);
    puts(a);
    return 0;
}
```

【例 7.7】 输入 1 行字符，统计其中单词的个数，单词之间用空格分隔。

```
#include <stdio.h>
#include <string.h>
```

```
int main()
{
        char str[100] = {'\0'};
        int i = 0;
        int iCount = 0;
        printf("please input a line of words:\n");
        gets(str);
        for(i = 1; str[i] != '\0'; i++)
        {
                //如果前 1 个字符不是空格，但后 1 个字符是空格，则单词个数+1
                if(str[i-1] != ' ' && str[i] == ' ')
                {
                        iCount++;
                }
                //表示最后 1 个单词
                if(str[i] != ' ' && str[i + 1] == '\0')
                {
                        iCount++;
                }
        }
        printf("the num of words is : %d\n", iCount);
        return 0;
}
```

7.4　嵌入式 C 语言中数组初始化规则

1）数组的每一行初始化赋值中间用"，"分开，最外面再加一对"{}"括起来，最后以"；"表示结束。

2）多维数组的存储是连续的。因此，可以用一维数组初始化的办法来初始化多维数组。

3）对数组进行初始化时，如果赋值表中的数据个数比数组元素少，则不足的数组元素的值用 0 填补。

7.5　数组总结

1）数组举例如下。

如果定义数组：uchar　　　niu　　　[3]=　　　{3,9}

　　　　　　　　数组类型　数组名　数组长度　数组赋初值

那么，niu[0]=3；niu[1]=9；niu[2]=0；niu[3]的值不确定。

2）如果定义数组：uchar niu[]={3,9}；那么数组长度默认为 2。

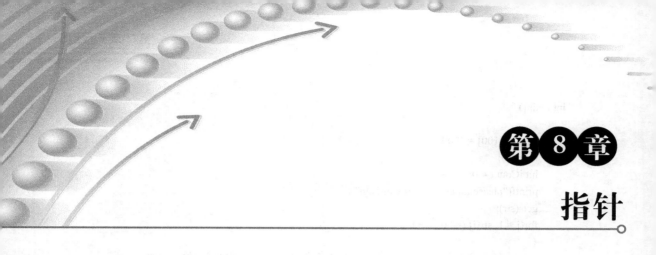

第8章

指针

8.1 指针概述

指针既是嵌入式 C 语言的精华也是难点。本章主要介绍指针的概念及定义指针的方法，同时介绍指向一维数组、二维数组、字符数组的指针的使用方法，指针数组的概念，以及指针作为函数参数的使用方法。结构、联合和枚举是另外的构造型数据，本章介绍了这三种类型数据的定义、初始化及使用方法。

8.2 指针和地址

8.2.1 指针变量的定义

嵌入式 C 语言中，对于变量的访问方法之一，就是首先求出变量的地址，然后再通过地址对它进行访问，这就是本节所要论述的指针及其指针变量。

所谓变量的指针，实际上是指变量的地址。变量的地址虽然在形式上类似于整数，但在概念上不同于以前介绍过的整数，它属于一种新的数据类型，即指针类型。

在嵌入式 C 语言中，一般用"指针"指明表达式&x 的类型，而用"地址"作为它的值。也就是说，若 x 为一个整型变量，则表达式&x 的类型是指向整数的指针，而它的值就是变量 x 的地址。

同样，若"double d;"则&d 的类型是指向双精度数 d 的指针，而&d 的值就是双精度变量 d 的地址。因此，指针和地址是用来叙述一个对象的两个方面。&x、&d 的类型是不同的，一个是指向整型变量 x 的指针，而另一个则是指向双精度变量 d 的指针。

指针变量的一般定义如下：

```
类型标识符  *标识符;
```

其中，"标识符"是指针变量的名字，标识符前加了"*"号，表示该变量是指针变量；"类型标识符"表示该指针变量所指向的变量的类型。

1 个指针变量只能指向同一种类型的变量。

定义 1 个指针类型的变量的形式如下：

```
int *ip;
```

该定义说明了它是一种指针类型的变量。注意：在定义中不要漏写"*"符号，否则它就成为一般的整型变量了。另外，在定义中的 int 表示该指针变量为指向整型数的指针类型的变量，有时也可称 ip 为指向整数的指针。

ip 是一个变量，它专门存放整型变量的地址。

指针变量在定义中允许带初始化项。例如：

```
int i, *ip=&i;
```

嵌入式 C 语言中规定：当指针值为零时，指针不指向任何有效数据。有时也将指针称为空指针。

8.2.2　指针变量的引用

1. 为指针变量赋值

既然在指针变量中只能存放地址，那么在使用过程中就不要将一个整数赋给一个指针变量。例如，下面的赋值是不合法的：

```
int *ip;
ip=100;
```

假设：

```
int i=200, x;
int *ip;
```

可以把 i 的地址赋给 ip：

```
ip=&i;
```

此时，指针变量 ip 指向整型变量 i，假设变量 i 的地址为 1800，这个赋值可形象理解为如图 8.1 所示的联系。

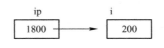

图 8.1　给指针变量赋值

后面的程序便可以通过指针变量 ip 间接访问变量 i，例如：

```
x=*ip;
```

ip 加上运算符*后表示访问以 ip 为地址的存贮区域，而 ip 中存放的是变量 i 的地址，因此，*ip 访问的是地址为 1800 的存贮区域（因为地址是整数，实际上是从 1800 开始的两字节），它就是变量 i 所占用的存贮区域，所以上面的赋值表达式等价于"x=i;"。

另外，指针变量和一般变量一样，存放在它们之中的值是可以改变的。也就是说，可以改变它们的指向，假设：

```
int i,j,*p1,*p2 ;
i='a' ;
j='b' ;
p1=&i ;
p2=&j ;
```

建立如图 8.2 所示的联系。

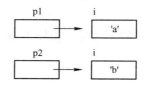

图 8.2　指针变量赋值运算结果

这时，赋值表达式"p2=p1;"就使 p2 与 p1 指向同一对象 i；*p2 等价于 i，而不是 j，如图 8.2 所示的赋值运算结果就变为如图 8.3 所示的结果。

如果执行如下表达式：

```
*p2=*p1;
```

则表示把 p1 指向的内容赋给 p2 所指的区域，此时如图 8.2 所示结果就变为如图 8.4 所示"*p2=*p1"时的结果。

由于指针是变量，所以可以通过改变它们的指向，从而间接访问不同的变量。这样，既给程序员带来灵活性，也使程序代码编写得更为简洁和有效。

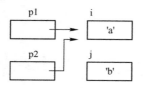

图 8.3　p2=p1 时的情形

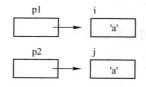

图 8.4　*p2=*p1 时的情形

指针变量可出现在表达式中，假设：

```
int x, y *px=&x;
```

指针变量 px 指向整数 x，则*px 可出现在 x 能够出现的任何地方。例如：

```
y=*px+5;          /* 表示把 x 的内容加 5 并赋给 y */
y=++*px;          /* px 的内容加上 1 之后赋给 y */
y=*px++;          /* 相当于 y=*px; px++ */
```

2．地址运算

1）指针在一定条件下可进行比较。这里所说的一定条件，就是指两个指针指向同一个对象。例如，若两个指针变量 p、q 指向同一数组，则<、>、>=、<=、==等关系运算符都能正常进行。若 p==q 为真，则表示 p，q 指向数组的同一元素；若 p<q 为真，则表示 p 所指向的数组元素在 q 所指向的数组元素之前（指向数组元素的指针在后面将进行详细讨论）。

2）指针和整数可进行加、减运算。假设 p 是指向某一数组元素的指针，开始时指向数组的第 0 号元素，若设 n 为一个整数，则 p+n 就表示指向数组的第 n 号元素（下标为 n 的元素）。

无论指针变量指向何种数据类型，指针和整数进行加、减运算时，编译程序都将根据所指对象的数据长度对 n 放大。在一般计算机上，char 放大因子为 1；int、short 放大因子为 2；long 和 float 放大因子为 4；double 放大因子为 8。

3）两个指针变量在一定条件下，可进行减法运算。假设 p、q 指向同一个数组，则 p-q 的绝对值表示 p 所指对象与 q 所指对象之间的元素个数，相减的结果遵守其对象类型字节长度缩小规则。

8.2.3 指针和数组

指针和数组有着密切的关系，任何能够由数组下标完成的操作都可利用指针实现，程序中使用指针可使代码更紧凑、更灵活。

1. 指向数组元素的指针

定义一个整型数组和一个指向整型的指针变量形式如下：

```
int a[10], *p;
```

和前面介绍过的方法相同，这种定义方式可以使整型指针 p 指向数组中任何一个元素。假定给出赋值运算如下：

```
p=&a[0];
```

此时，p 指向数组中的第 0 号元素，即 a[0]，指针变量 p 中包含了数组元素 a[0] 的地址。由于数组元素在内存中是连续存放的，所以可以通过指针变量 p 及其相关运算间接访问数组中的任何元素。

嵌入式 C 语言中，数组名是数组的第 0 号元素的地址，因此下面两个语句是等价的：

```
p=&a[0];
p=a;
```

根据地址运算规则，a+1 为 a[1]的地址，a+i 就为 a[i]的地址。

利用指针给出数组元素的地址和内容的几种表示形式如下所述。

1）p+i 和 a+i 均表示 a[i]的地址，它们均指向数组第 i 号元素，即指向 a[i]。

2）*(p+i)和*(a+i)都表示 p+i 和 a+i 所指对象的内容，即为 a[i]。

3）指向数组元素的指针，也可以表示为数组的形式，也就是说，它允许指针变量带下标，如 p[i]与*(p+i)等价。假设"p=a+5;"则 p[2]就相当于"*(p+2)"，由于 p 指向 a[5]，所以 p[2]就相当于 a[7]，而 p[-3]就相当于*(p-3)，表示 a[2]。

8.2.4 字符指针

若在程序中出现字符串常量，嵌入式 C 语言编译程序就给字符串常量安排一个存贮区域，这个区域是静态的，且在整个程序运行的过程中始终被占用。

字符串常量的长度是指该字符串的字符个数，但在安排存贮区域时，C 语言编译程序还自动给该字符串序列的末尾加上一个空字符"\0"，用来标志字符串的结束。因此，一个字符串常量所占的存贮区域的字节数总比它实际的字符个数多一个字节。嵌入式 C 语言中操作一个字符串常量的方法如下所述。

1）把字符串常量存放在一个字符数组中，例如：

```
char s[]="a string";
```

数组 s 共由 9 个元素组成。其中，s[8]中的内容是"\0"。实际上，在字符数组定义的过程中，编译程序直接把字符串复写到数组中，即对数组 s 初始化。

2）用字符指针指向字符串，然后通过字符指针访问字符串存贮区域。当字符串常量在表达式中出现时，根据数组的类型转换规则，它被转换成字符指针。因此，若定义一个字符指针 cp 如下：

```
char *cp;
```

于是可用：

```
cp="a string";
```

使 cp 指向字符串常量中的第 0 号字符 a，如图 8.5 所示。

图 8.5　指针指向字符串

此后的程序可通过 cp 访问这个存贮区域，如果*cp 或 cp[0]就是字符 a，则 cp[i]或*(cp+i)就相当于字符串的第 i 号字符，但通过指针来修改字符串常量的行为是一种错误操作。

8.2.5　指针数组的定义格式

指针数组的定义形式如下：

```
类型标识 *数组名[整型常量表达式];
```

例如：

```
int *a[10];
```

指针数组和一般数组一样，允许指针数组在定义时初始化。指针数组的每个元素都是指针变量，它只能存放地址。因此，在对指向字符串的指针数组进行说明和赋初值时，就是把存放字符串的首地址赋值给指针数组的对应元素。

8.3　函数指针

▶ 8.3.1　函数指针定义

定义：函数指针是指指向函数的指针。像其他指针一样，函数指针也指向特定的类型。函数类型由其返回值及形参来确定，而与函数名无关。例如：

```
void (*pf) ( char,int );
```

这个语句将 pf 声明为指向函数的指针，它所指向的函数带有一个 char 类型，一个 int 类型，返回类型为 void。

可以这样理解：如果定义一个 int 型的指针：

```
int *p;
```

就是在变量声明前面加*，即 p 前面加上*号。而定义函数指针时要在函数声明前加*，即函数声明为：

```
void pf( char,int );
```

函数声明前加*后变为：

```
void *pf(char,int);
```

若把*pf 用小括号括起来，变为：

```
void (*pf) ( char,int );
```

这就是函数指针的声明方法。

【例 8.1】　函数指针定义实例。

```
#include"stdio.h"
//定义一个函数指针，形参为一个 char 类型，一个 int 类型，返回类型为 void
void (*pf)(char, int);
void fun(char ,int);   //声明一个函数，形参为一个 char 类型，一个 int 类型，返回类型为 void
int main(void)
{
    pf=fun;                //函数指针 pf 赋值为 fun 函数的地址（函数名代表函数的地址）

    (*pf)('c',90);         //调用 pf 指向的函数
}
void fun(char a,int b)
{
    printf("the argument   is %c and %d\n",a,b);
}
```

运行结果如下：

8.3.2 函数指针类型

函数指针类型相当冗长。若使用 typedef 为指针类型定义同义词，则可将函数指针的使用大大简化。例如：

```
typedef   void (*FUN) (char,int);
```

记忆方法：在函数指针声明 void (*FUN)(char,int)前加上 typedef 关键字就是函数指针类型的声明。

该定义表示 FUN 是一种函数指针类型。该函数指针类型表示这样一类函数指针：指向返回 void 类型并带有一个 char 类型，一个 int 类型的函数指针。

【例 8.2】 定义函数指针实例。

```
#include"stdio.h"
typedef void (*FUN)(char, int);        //声明一个函数指针类型
void fun(char ,int);      //声明一个函数，形参为一个 char 类型，一个 int 类型，返回类型为 void
int main(void)
{
     FUN pf;
     pf=fun;            //函数指针 pf 赋值为 fun 函数的地址（函数名代表函数的地址）
     (*pf)('c',90);     //调用 pf 指向的函数
}
void fun(char a,int b)
{
     printf("the argument is %c and %d\n",a,b);
}
```

运行结果如下：

8.3.3 函数类型

函数类型的定义如下：

```
typedef void (*FUN)(char, int);        //声明一个函数类型
```

该声明定义了一个函数类型，FUN 函数带有两个形参，一个是 int，一个是 char，返回值是 void 型。

通常，在调用函数时，应该首先声明要调用的函数。如果调用 fun 函数，则应在调用的前面声明如下：

```
void fun(char ,int);
```

如果定义了函数类型如下：

```
typedef void FUN(char , int);
```

就声明函数原形如下：

```
FUN fun;
```

这样大大简化了函数原型的声明，函数类型用于形参的情况本书在后面讲解。

【例 8.3】　定义函数类型实例。

```
#include"stdio.h"
typedef void FUN (char , int);
int main()
{
    FUN fun;
    fun('c',90);
}
void fun(char a,int b)
{
    printf("the argument is %c and %d\n",a,b);
}
```

运行结果如下：

8.3.4　通过指针调用函数

指向函数的指针可用于调用它所指向的函数。可以不需要使用解引用操作符，而直接通过指针调用此函数。例如：

```
void (*pf)(char, int);
pf=fun;
```

两种调用方法如下：

```
(*pf)('c',90);        // 显式调用
pf('c',90);           // 隐式调用
```

【例 8.4】 通过指针调用函数测试实例。

```
#include"stdio.h"
/*声明一个函数指针,它所指向的函数形参带有一个 char 类型,一个 int 类型,返回类型为 void*/
void (*pf)(char, int);
/*声明一个函数,形参为一个 char 类型,一个 int 类型,返回类型为 void*/
void fun(char ,int);
int main()
{
    pf=fun;          //函数指针 pf 赋值为 fun 函数的地址(函数名代表函数的地址)
    (*pf)('c',90);    //调用 pf 指向的函数
    Pf('a',80);
}
void fun(char a,int b)
{
    printf("the argument is %c and %d\n",a,b);
}
```

运行结果如下:

```
■ E:\我的文档\tmp\fp.exe

the argument is c and 90
the argument is a and 80
请按任意键继续. . .
```

8.3.5 返回指向函数的指针

函数可以返回指向函数的指针,但是,正确写出这种返回类型相当不容易,例如:

```
int (*ff(int))(int*,int);
```

要理解函数指针声明的最佳方法是从声明的名字开始由里而外理解。要理解该声明的含义,首先观察 "ff(int)" 是将 ff 声明为一个函数,它带领有一个 int 型的形参。该函数返回 "int (*)(int*,int)" 它是一个指向函数的指针,所指向的函数返回 int 型并带有两个分别为 int *型和 int 型的形参。

使用 typedef 可使该定义更简明易懂:

```
typedef int (*PF)(int *,int);
PF ff(int);
```

此时,允许将形参定义为函数类型,但函数的返回类型则必须是指向函数的指针,而不能是函数。例如:

```
//func is a function type,not a pointer to function!
typedef int func(int*,int)
func f1(int) ;    //错误: f1 返回一个函数
func * f2(int);   //正确: f2 返回一个函数指针
```

8.4　实验范例：键盘扫描

8.4.1　键盘接口

键盘是由若干个按键组成的开关矩阵，它是微型计算机最常用的输入设备，用户可以通过键盘向 CPU 输入指令、地址和数据。一般单片机系统中采用非编码键盘，非编码键盘是由软件来识别键盘上的闭合键盘，它具有结构简单、使用灵活等特点，因此被广泛应用于嵌入式系统。数码管按键示意图如图 8.6 所示。

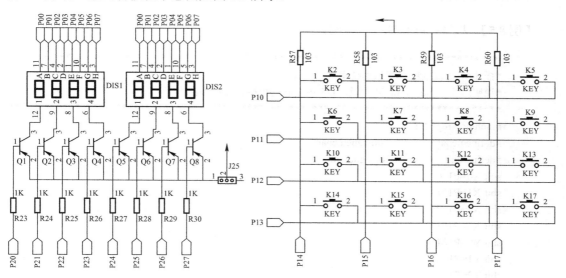

图 8.6　数码管按键示意图

8.4.2　按键开关的抖动问题

组成键盘的按键有触点式和非触点式两种，本实验中采用的按键是由机械触点构成的。在如图 8.7 所示中，当按键未被按下时，引脚输入为高电平；当按键按下后，引脚输入为低电平。由于按键是机械触点，当机械触点断开或闭合时会有抖动，按键输入端的波形如图 8.7 所示。这种抖动对于用户来说是感觉不到的，但对嵌入式 CPU 来说，则是完全可以感应到的，因为 CPU 处理的速度都是在微秒级，而机械抖动的时间至少是毫秒级，对 CPU 而言，这已是一个"漫长"的时间了。

图 8.7　按键开关输入电平

为使 CPU 能够正确地读出端口的状态，并对每一次按键只做一次响应，就必须考虑如何去除抖动。常用的去抖动的方法有硬件方法和软件方法两种（单片机中常用软件法）。硬件方法本书不进行介绍。软件方法其实很简单，就是在 CPU 获取端口为低的信息后，并不立即认定按键已被按下，而是延时 10 毫秒或更长一些时间后再次检测端口，如果仍为低，则说明按键的确按下了，这实际上是避开了按键按下时的抖动时间。而在检测到按键释放后再延时 5～10 毫秒，消除后沿的抖动，然后再对键值进行处理。不过，在一般情况下，通常不对按键释放的后沿进行处理。实践证明，这样也能满足一定的要求。当然，在实际应用中，对按键的要求也千差万别，要根据不同的需要来编制处理程序，但以上是消除键抖动的原则。

▶ 8.4.3　编程范例

【例 8.5】　按键矩阵识别技术实例。

```
/***********************************************************************
*描述:         按键距阵识别技术
*说明:         Super800 开发板，J25 跳线右边短接，J27 短接
***********************************************************************/
#include <reg52.h>
#define uchar          unsigned char
#define uint           unsigned int
sbit X0=P1^0;
sbit X1=P1^1;
sbit X2=P1^2;
sbit X3=P1^3;
sbit Y0=P1^4;
sbit Y1=P1^5;
sbit Y2=P1^6;
sbit Y3=P1^7;


//-----------------------------------------------
void delay(unsigned int t)                        // 延时函数
{
   for(;t!=0;t--) ;
}
//-----------------------------------------------


//===============================================
unsigned char Key_Scan(void)
{
   uchar a, key;
   P1=0xf0;
   if(!(Y0&&Y1&&Y2&&Y3))
   {
     P1=0xf0;
     delay(200);
```

```
        if(!(Y0&&Y1&&Y2&&Y3))
          {
          P1=0xfe;          //  0xff;
          X0=0;
          if(!(Y0&&Y1&&Y2&&Y3)){a=P1;a=(a&0xf0+0x0e);goto pp1;}
          P1=0xff;
          X1=0;
          if(!(Y0&&Y1&&Y2&&Y3)){a=P1;a=(a&0xf0+0x0d);goto pp1;}
          P1=0xff;
          X2=0;
          if(!(Y0&&Y1&&Y2&&Y3)){a=P1;a=(a&0xf0+0x0b);goto pp1;}
          P1=0xff;
          X3=0;
          if(!(Y0&&Y1&&Y2&&Y3)){a=P1;a=(a&0xf0+0x07);goto pp1;}
          }
        else   a=    0xfe;//0xff;
        }
      else   a=0xff;
pp1: key=a;
      return key;
}
//--------------------------------------------------------
uchar key(void)
{
  uchar k, KEY;
  KEY=0xff;
  k=Key_Scan();
  if(k!=0xff)
    {
    while(k==Key_Scan())
      {
       ;
      }
    switch(k)                              //   键码
      {
      case 0xed: KEY=0x04;break;           //  4
      case 0xeb: KEY=0x08;break;           //  8
      case 0x7b: KEY=0x0b;break;           //  11
      case 0x77: KEY=0x0f;break;           //  15
      case 0x7e: KEY=0x03;break;           //  3
      case 0x7d: KEY=0x07;break;           //  7
      case 0xbb: KEY=0x0a;break;           //  10
      case 0xb7: KEY=0x0e;break;           //  14
      case 0xbe: KEY=0x02;break;           //  2
      case 0xbd: KEY=0x06;break;           //  6
      case 0xee: KEY=0x00;break;           //  0
```

第 8 章

```
        case 0xd7: KEY=0x0d;break;                    //    13
        case 0xde: KEY=0x01;break;                    //    1
        case 0xdd: KEY=0x05;break;                    //    5
        case 0xdb: KEY=0x09;break;                    //    9
        case 0xe7: KEY=0x0c;break;                    //    12
        default:    KEY=0xff;break;                   //    88 无键按下
      }
    }
   return KEY;
  }

  main()
  {
   uchar code shu[12]={0xc0,0xf9,0xa4,0xb0,0x99,//0,1,2,3,4,
                0x92,0x82,0xf8,0x80,0x90,//5,6,7,8,9,
                0x00,0xff};                  //灭，共阳极数码管显示段码

   uchar   i,k;
   uchar   display[2]={0xff,0xff};
   delay(60000);
   while(1)
   {
    k=key();
    if(k<=0x0f)
    {
     display[0]=k/10;
     display[1]=k%10;
    }
    for(i=0;i<2;i++)
    {
     P2=(~(0X01<<i));     //00000010
     P0=shu[display[i]];
     delay(1000);
     P0=0xff;
    }
   }
  }
```

8.5 指针总结

1）如果定义为"uchar sp"，则 sp 为字符型变量；如果定义为"uchar *sp"，则 sp 为指向字符型数据的指针。

2）如果定义为"uchar a,b,c,d; uchar *sp"，且指针如图 8.8 所示 sp 指向 30H，那么：

```
   a=*sp=8;
```

```
b=*sp+1=9;
c=*sp++;
```

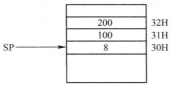

图 8.8　SP 指针图

执行结果：

```
c=8  //指针指向 31H 地址。
```

3）指针四要素：①指针的类型；②指针指向的类型；③指针的值；④指针本身占用地址。

例如：

```
int  *sp, x;
char  y;
```

则：指针 sp 的类型为 int*型。

如果 "sp=&x"；那么指针 sp 指向 int 数据类型，而 "sp=&y" 为错误的类型指向。

如果 "sp=&x"；那么指针 sp 的值为 sp 所指向的 x 的地址的值。

单片机中定义一个指针变量，占用 3 字节的地址空间。

ARM 中定义一个指针变量，占用 4 字节的地址空间。

8.6　基本 C 语言语句使用范例

本书采用 16 种方式实现流水灯，实现的方式如下。

8.6.1　用顺序结构实现流水灯

```
/*************************************************************
**** 文      件: GPIO.c
**** 功      能: 顺序结构流水灯
**** 描      述: 轮流点亮 8 个 LED 灯
**** 公      司: 深圳信盈达电子有限公司
**** 网      站: www.edu118.com
**** 创 建 日  期: 2013-08-08
**** 更 新 日  期: 2013-08-08
**** 编 译 环  境: Keil uVision V4.01
**** 目 标 芯  片: STC89C52
**** 晶      振: 11.05926 MHz
**** 硬      件: Super800 实验板硬件连接如图 2.1 所示
*************************************************************/
```

```c
#include     <reg52.h>                // 头文件包含

typedef  unsigned      char  uchar;       // 类型重定义
typedef  unsigned  int  uint;             // 类型重定义

/**********************************************************************
**** 函数名：  delay()
**** 形    参：  t 延时时间长度
**** 功    能：  延时函数
**** 说    明：  一定时间长度的延时，时间可调
**********************************************************************/
void delay(unsigned int t)
{
     for(;t>0;t--) ;
}
/**********************************************************************
**** 函数名：main()
**** 形    参：无
**** 功    能：主程序 GPIO 跑马灯测试程序
**** 说    明：用顺序结构流水灯
**********************************************************************/
void  main()
{
     while(1)
         {
               P2=0xfe;        // 0x 表示十六进制数，0b 表示二进制数，默认为十进制数
               delay(50000);   // 注意：Keil 编译器不支持二进制数
               P2=0xfd;
               delay(50000);
               P2=0xfb;
               delay(50000);
               P2=0xf7;
               delay(50000);
               P2=0xef;
               delay(50000);
               P2=0xdf;
               delay(50000);
               P2=0xbf;
               delay(50000);
               P2=0x7f;
               delay(50000);
          }
}
/*******************************END*********************************/
```

8.6.2 用单种选择语句 if 实现流水灯

```
/***********************************************************************
**** 文        件: GPIO.c
**** 功        能: 用单种选择语句 if 实现流水灯
**** 描        述: 轮流点亮 8 个 LED 灯
**** 公        司: 深圳信盈达电子有限公司
**** 网        站: www.edu118.com
**** 创 建 日 期: 2013-08-08
**** 更 新 日 期: 2013-08-08
**** 编 译 环 境: Keil uVision V4.01
**** 目 标 芯 片: STC89C52
**** 晶        振: 11.05926 MHz
**** 硬        件: Super800 实验板硬件连接如图 2.1 所示
***********************************************************************/
#include    <reg52.h>                    // 头文件包含

typedef unsigned        char uchar;      // 类型重定义
typedef unsigned  int  uint;             // 类型重定义

/***********************************************************************
**** 函数名: delay()
**** 形   参: t 延时时间长度
**** 功   能: 延时函数
**** 说   明: 一定时间长度的延时，时间可调
***********************************************************************/
void delay(unsigned int t)
{
        for(;t>0;t--) ;
}
/***********************************************************************
**** 函数名: main()
**** 形   参: 无
**** 功   能: 主程序 GPIO 跑马灯测试程序
**** 说   明: 用单种选择语句 if 实现流水灯
***********************************************************************/
void  main()
{
    while(1)
    {
        P2=0xfe;
        delay(50000);
        if(P2==0xfe)
        {
            P2=0xfd;
            delay(50000);
```

```
            }
            if(P2==0xfd)
            {
                P2=0xfb;

                delay(50000);
            }
            if(P2==0xfb)
            {
                P2=0xf7;
                delay(50000);
            }
            if(P2==0xf7)
            {
                P2=0xef;
                delay(50000);
            }
            if(P2==0xf7)
            {
                P2=0xef;
                delay(50000);
            }
            if(P2==0xef)
            {
                P2=0xdf;
                delay(50000);
            }
            if(P2==0xdf)
            {
                P2=0xbf;
                delay(50000);
            }
            if(P2==0xbf)
            {
                P2=0x7f;
                delay(50000);
            }
        }
    }
/***************************END***************************/
```

8.6.3 用多种选择语句 if…else、if…else if…else 实现流水灯

```
/***************************************************************
**** 文      件:  GPIO.c
**** 功      能:  用多种选择语句 if…else、if…else if…else 实现流水灯
```

```
****  描        述:  轮流点亮 8 个 LED 灯
****  公        司:  深圳信盈达电子有限公司
****  网        站:  www.edu118.com
****  创 建 日 期:  2013-08-08
****  更 新 日 期:  2013-08-08
****  编 译 环 境:  Keil uVision V4.01
****  目 标 芯 片:  STC89C52
****  晶        振:  11.05926 MHz
****  硬        件:  Super800 实验板硬件连接如图 2.1 所示
*******************************************************************/
#include      <reg52.h>                    // 头文件包含

typedef   unsigned   char   uchar;         // 类型重定义
typedef   unsigned   int    uint;          // 类型重定义

/*******************************************************************
****  函数名:  delay()
****  形    参:  t 延时时间长度
****  功    能:  延时函数
****  说    明:  一定时间长度的延时,时间可调
*******************************************************************/
void delay(unsigned int t)
{
    for(;t>0;t--) ;
}
/*******************************************************************
****  函数名: main()
****  形    参: 无
****  功    能: 主程序 GPIO 跑马灯测试程序
****  说    明: 用多种选择语句 if…else、if…else if…else 实现流水灯
*******************************************************************/
void  main()
{
    P2=0xff;                            //初始化 P2
    while(1)
    {
        if(P2==0xfe)
            P2=0xfd;
        else if(P2==0xfd)
            P2=0xfb;
        else if(P2==0xfb)
            P2=0xf7;
        else if(P2==0xf7)
            P2=0xef;
        else if(P2==0xef)
            P2=0xdf;
```

```
            else if(P2==0xdf)
                 P2=0xbf;
            else if(P2==0xbf)
                 P2=0x7f;
            else
                 P2=0xfe;
            delay(50000);
         }
      }
/***********************************END***********************************/
```

▶ 8.6.4   用多种选择语句 switch-case-break 实现流水灯

```
/***************************************************************************
****  文      件:  GPIO.c
****  功      能:  用多种选择语句 swtich-case-break 实现流水灯
****  描      述:  轮流点亮 8 个 LED 灯
****  公      司:  深圳信盈达电子有限公司
****  网      站:  www.edu118.com
****  创 建 日 期:  2013-08-08
****  更 新 日 期:  2013-08-08
****  编 译 环 境:  Keil uVision V4.01
****  目 标 芯 片:  STC89C52
****  晶      振:  11.05926 MHz
****  硬      件:  Super800 实验板硬件连接如图 2.1 所示
***************************************************************************/
#include    <reg52.h>                    // 头文件包含

typedef   unsigned      char  uchar;     // 类型重定义
typedef   unsigned      int   uint;      // 类型重定义


/***************************************************************************
****  函数名:  delay()
****  形  参:  t 延时时间长度
****  功  能:  延时函数
****  说  明:  一定时间长度的延时,时间可调
***************************************************************************/
void delay(unsigned int t)
{
     for(;t>0;t--) ;
}
/***************************************************************************
****  函数名: main()
****  形  参: 无
****  功  能: 主程序 GPIO 跑马灯测试程序
****  说  明: 用多种选择语句 swtich-case-break 实现流水灯
```

```
**********************************************************/
void  main()
{
    uchar i;
    while(1)
    {
        switch(i)
        {
            case 0:P2=0xfe;delay(50000);i++;break;        //P2.0~P2.7
            case 1:P2=0xfd;delay(50000);i++;break;
            case 2:P2=0xfb;delay(50000);i++;break;
            case 3:P2=0xf7;delay(50000);i++;break;
            case 4:P2=0xef;delay(50000);i++;break;
            case 5:P2=0xdf;delay(50000);i++;break;
            case 6:P2=0xbf;delay(50000);i++;break;
            case 7:P2=0x7f;delay(50000);i=0;break;
            default:i=0;break;
        }

    }
}
/*****************************END********************************/
```

▶ 8.6.5　用循环语句 for 实现流水灯

```
/****************************************************************
****  文        件: GPIO.c
****  功        能: 用循环语句 for 实现流水灯
****  描        述: 轮流点亮 8 个 LED 灯
****  公        司: 深圳信盈达电子有限公司
****  网        站: www.edu118.com
****  创 建 日  期: 2013-08-08
****  更 新 日  期: 2013-08-08
****  编 译 环  境: Keil uVision V4.01
****  目 标 芯  片: STC89C52
****  晶        振: 11.05926 MHz
****  硬        件: Super800 实验板硬件连接如图 2.1 所示
****************************************************************/
#include    <reg52.h>                    // 头文件包含


typedef  unsigned  char  uchar;          // 类型重定义
typedef  unsigned  int  uint;            // 类型重定义


/****************************************************************
****  函数名: delay()
****  形  参: t 延时时间长度
```

```
****  功    能：  延时函数
****  说    明：  一定时间长度的延时，时间可调
*******************************************************************************/
void delay(unsigned int t)
{
    for(;t>0;t--) ;
}
/*******************************************************************************
****  函数名：main()
****  形   参：无
****  功    能：主程序 GPIO 跑马灯测试程序
****  说    明：用 FOR 循环语句+左位移实现流水灯

从 0000 0001 开始左移    1<<0
0000 0001—1111 1110
0000 0010—1111 1101
...
1000 0000—0111 1111
*******************************************************************************/
void  main()
{
    uchar i;
    while(1)
    {
        for(i=0;i<8;i++)
        {
            P2=~(1<<i);                    // LED 灯全 0 时全亮，全 1 时全灭
            delay(50000);
        }
    }
}
/***************************END********************************************/
```

8.6.6   用循环语句 while 实现流水灯

```
/*******************************************************************************
****  文         件：  GPIO.c
****  功         能：  用循环语句 while 实现流水灯
****  描         述：  轮流点亮 8 个 LED 灯
****  公         司：  深圳信盈达电子有限公司
****  网         站：  www.edu118.com
****  创 建 日 期：  2013-08-08
****  更 新 日 期：  2013-08-08
****  编 译 环 境：  Keil uVision V4.01
****  目 标 芯 片：  STC89C52
****  晶         振：  11.05926 MHz
```

```
****  硬          件：  Super800 实验板硬件连接如图 2.1 所示
*******************************************************************/
#include    <reg52.h>                // 头文件包含

typedef  unsigned  char  uchar;      // 类型重定义
typedef  unsigned  int  uint;        // 类型重定义


/*******************************************************************
****  函数名：  delay()
****  形   参：  t 延时时间长度
****  功   能：  延时函数
****  说   明：  一定时间长度的延时，时间可调
*******************************************************************/
void delay(unsigned int t)
{
    for(;t>0;t--) ;
}
/*******************************************************************
****  函数名：main()
****  形   参：无
****  功   能：主程序 GPIO 跑马灯测试程序
****  说   明：用 while 循环语句+左位移实现流水灯
                a=0x01，移动后改变 a 的值
*******************************************************************/
void  main()
{
    uchar i,a;
    while(1)
    {
        i=0;
        a=0x01;
        while(i<8)
        {
            P2=~a;
            a<<=1;          //a 不停地向左位移 1 位，循环完成后再重新循环初始化为 0x01
            i++;
            delay(50000);
        }
    }
}
/*****************************END*********************************/
```

▶ 8.6.7　用循环语句 do...while 实现流水灯

```
/*******************************************************************
****  文          件：  GPIO.c
```

```
****  功        能：用循环语句 do…while 实现流水灯
****  描        述：轮流点亮 8 个 LED 灯
****  公        司：深圳信盈达电子有限公司
****  网        站：www.edu118.com
****  创 建 日  期：2013-08-08
****  更 新 日  期：2013-08-08
****  编 译 环  境：Keil uVision V4.01
****  目 标 芯  片：STC89C52
****  晶        振：11.05926 MHz
****  硬        件：Super800 实验板硬件连接如图 2.1 所示
**********************************************************************/
#include     <reg52.h>                    // 头文件包含

typedef   unsigned  char  uchar;          // 类型重定义
typedef   unsigned  int   uint;           // 类型重定义


/*********************************************************************
****  函数名：delay()
****  形  参：t 延时时间长度
****  功  能：延时函数
****  说  明：一定时间长度的延时，时间可调
**********************************************************************/
void delay(unsigned int t)
{
    for(;t>0;t--) ;
}
/*********************************************************************
****  函数名：main()
****  形  参：无
****  功  能：主程序 GPIO 跑马灯测试程序
****  说  明：用 do…while 循环语句+左位移实现流水灯
**********************************************************************/
void  main()
{
    uchar i;
    while(1)
    {
        i=0;
        do
        {
            P2=~(0x01<<i);
            i++;
            delay(50000);
```

```
        }while(i<8);


    }
}
/*******************************END*******************************/
```

8.6.8 用转移语句 goto 实现流水灯

```
/*******************************************************************
****  文      件:  GPIO.c
****  功      能:  用转移语句 goto 实现流水灯
****  描      述:  轮流点亮 8 个 LED 灯
****  公      司:  深圳信盈达电子有限公司
****  网      站:  www.edu118.com
****  创 建 日  期:  2013-08-08
****  更 新 日  期:  2013-08-08
****  编 译 环  境:  Keil uVision V4.01
****  目 标 芯  片:  STC89C52
****  晶      振:  11.05926 MHz
****  硬      件:  Super800 实验板硬件连接如图 2.1 所示
*******************************************************************/
#include    <reg52.h>                    // 头文件包含

typedef  unsigned  char  uchar;          // 类型重定义
typedef  unsigned  int  uint;            // 类型重定义


/*******************************************************************
****  函数名:  delay()
****  形  参:  t 延时时间长度
****  功  能:  延时函数
****  说  明:  一定时间长度的延时,时间可调
*******************************************************************/
void delay(unsigned int t)
{
    for(;t>0;t--) ;
}
/*******************************************************************
****  函数名: main()
****  形  参: 无
****  功  能: 主程序 GPIO 跑马灯测试程序
****  说  明: 用 if 判断+goto 跳转语句实现流水灯
*******************************************************************/
void  main()
{
    uchar i;
    while(1)
```

```
            {
                i=0;
        loop:
                P2=~(0x01<<i);
                delay(50000);
                i++;
                if(i<8)
                        goto loop;
            }
    }
/*************************END*************************/
```

▶ 8.6.9　用函数调用的方式实现流水灯

```
/************************************************************
****  文        件:  GPIO.c
****  功        能:  用函数调用的方式实现流水灯
****  描        述:  轮流点亮 8 个 LED 灯
****  公        司:  深圳信盈达电子有限公司
****  网        站:  www.edu118.com
****  创  建  日  期:  2013-08-08
****  更  新  日  期:  2013-08-08
****  编  译  环  境:  Keil uVision V4.01
****  目  标  芯  片:  STC89C52
****  晶        振:  11.05926 MHz
****  硬        件:  Super800 实验板硬件连接如图 2.1 所示
************************************************************/
#include    <reg52.h>                    // 头文件包含

typedef  unsigned  char  uchar;          // 类型重定义
typedef  unsigned  int   uint;           // 类型重定义

void delay(unsigned int t);              //函数声明
uchar GPIO(uchar i);                     //函数声明


/************************************************************
****  函数名: main()
****  形    参: 无
****  功    能: 主程序 GPIO 跑马灯测试程序
****  说    明: 用函数调用的方式实现流水灯
************************************************************/
void  main()
{
    uchar i;
    while(1)
    {
```

```
            for(i=0;i<8;i++)
            {
                P2=GPIO(i);      //函数调用，将 i 的值传入 GPIO 函数中，把返回值赋给 P2
                delay(50000);
            }
        }
}


/***************************************************************
***** 函 数 名:    GPIO(uchar i)
***** 功    能:    通过位移和取反运算，计算 P2 需要的值
***** 参    数:    uchar i
***** 返 回 值: ~(0x01<<i)
***** 创建时间: 2013-08-08
***************************************************************/
uchar GPIO(uchar i)
{
    return ~(0x01<<i);
}


/***************************************************************
**** 函数名:     delay()
**** 形    参:    t 延时时间长度
**** 功    能:    延时函数
**** 说    明:    一定时间长度的延时，时间可调
***************************************************************/
void delay(unsigned int t)
{
    for(;t>0;t--) ;
}
/*******************************END*****************************/
```

▶ 8.6.10 用数组实现流水灯

```
/***************************************************************
**** 文        件:   GPIO.c
**** 功        能:   用数组实现流水灯
**** 描        述:   轮流点亮 8 个 LED 灯
**** 公        司:   深圳信盈达电子有限公司
**** 网        站:   www.edu118.com
**** 创 建 日 期:   2013-08-08
**** 更 新 日 期:   2013-08-08
**** 编 译 环 境:   Keil uVision V4.01
**** 目 标 芯 片:   STC89C52
**** 晶        振:   11.05926 MHz
```

```
****  硬           件： Super800 实验板硬件连接如图 2.1 所示
************************************************************************/
#include    <reg52.h>                // 头文件包含

typedef  unsigned  char  uchar;      // 类型重定义
typedef  unsigned  int   uint;       // 类型重定义

uchar code tab[]={0xfe,0xfd,0xfb,0xf7,0xef,0xdf,0xbf,0x7f};


/************************************************************
****  函数名：  delay()
****  形   参：  t 延时时间长度
****  功   能：  延时函数
****  说   明：  一定时间长度的延时，时间可调
************************************************************/
void delay(unsigned int t)
{
    for(;t>0;t--) ;
}



/************************************************************
****  函数名：main()
****  形   参：无
****  功   能：主程序 GPIO 跑马灯测试程序
****  说   明：用数组+for 循环实现流水灯
************************************************************/
void  main()
{
    uchar i;
    while(1)
    {
        for(i=0;i<8;i++)
        {
            P2=tab[i];              //根据 i 的值调用数组中的元素
            delay(50000);
        }
    }
}
/*************************************END************************************/
```

▶ 8.6.11 用指针实现流水灯

```
/************************************************************
****  文          件： GPIO.c
****  功          能： 用指针实现流水灯
****  描          述： 轮流点亮 8 个 LED 灯
```

```
****  公        司：  深圳信盈达电子有限公司
****  网        站：  www.edu118.com
****  创 建 日  期：  2013-08-08
****  更 新 日  期：  2013-08-08
****  编 译 环  境：  Keil uVision V4.01
****  目 标 芯  片：  STC89C52
****  晶        振：  11.05926 MHz
****  硬        件：  Super800 实验板硬件连接如图 2.1 所示
***********************************************************************/
#include      <reg52.h>                    // 头文件包含

typedef  unsigned  char  uchar;            // 类型重定义
typedef  unsigned  int   uint;             // 类型重定义


/**********************************************************************
****  函数名：delay()
****  形  参：t 延时时间长度
****  功  能：延时函数
****  说  明：一定时间长度的延时，时间可调
***********************************************************************/
void delay(unsigned int t)
{
         for(;t>0;t--) ;
}


/**********************************************************************
****  函数名：main()
****  形  参：无
****  功  能：主程序 GPIO 跑马灯测试程序
****  说  明：用指针+for 循环实现流水灯
***********************************************************************/
void  main()
{
     uchar *p,a,i;
     p=&a;                                 //将 a 的地址赋给 p
     while(1)
     {
         for(i=0;i<8;i++)
         {
             *p=~(1<<i);                    //将~(1<<i)的值放到 a 指向的空间
             P2=a;
             delay(50000);
         }
     }
}
/*******************************END*********************************/
```

8.6.12　用指针+数组实现流水灯

```
/*******************************************************************
**** 文        件: GPIO.c
**** 功        能: 用指针+数组实现流水灯
**** 描        述: 轮流点亮 8 个 LED 灯
**** 公        司: 深圳信盈达电子有限公司
**** 网        站: www.edu118.com
**** 创 建 日 期: 2013-08-08
**** 更 新 日 期: 2013-08-08
**** 编 译 环 境: Keil uVision V4.01
**** 目 标 芯 片: STC89C52
**** 晶        振: 11.05926 MHz
**** 硬        件: Super800 实验板硬件连接如图 2.1 所示
*******************************************************************/
#include    <reg52.h>                // 头文件包含

typedef  unsigned  char  uchar;      // 类型重定义
typedef  unsigned  int  uint;        // 类型重定义

uchar code tab[]={0xfe,0xfd,0xfb,0xf7,0xef,0xdf,0xbf,0x7f};


/*******************************************************************
**** 函数名:   delay()
**** 形    参:   t 延时时间长度
**** 功    能:   延时函数
**** 说    明:   一定时间长度的延时, 时间可调
*******************************************************************/
void delay(unsigned int t)
{
     for(;t>0;t--) ;
}


/*******************************************************************
**** 函数名: main()
**** 形    参: 无
**** 功    能: 主程序 GPIO 跑马灯测试程序
**** 说    明: 用指针+数组+for 循环实现流水灯
*******************************************************************/
void  main()
{
     uchar *p,i;
     while(1)
     {
          p=tab;                      //将数组首个元素的地址赋给 p
          for(i=0;i<8;i++)
```

```
            {
                    P2=*p++;                        //p 使用后指向数组的下一个元素
                    delay(50000);
            }
        }
}
/*********************************END*****************************************/
```

▶ 8.6.13　用指针+数组+函数实现流水灯

```
/**********************************************************************
****  文        件：  GPIO.c
****  功        能：  用指针+数组+函数实现流水灯
****  描        述：  轮流点亮 8 个 LED 灯
****  公        司：  深圳信盈达电子有限公司
****  网        站：  www.edu118.com
****  创 建 日  期：  2013-08-08
****  更 新 日  期：  2013-08-08
****  编 译 环  境：  Keil uVision V4.01
****  目 标 芯  片：  STC89C52
****  晶        振：  11.05926 MHz
****  硬        件：  Super800 实验板硬件连接如图 2.1 所示
**********************************************************************/
#include     <reg52.h>                    // 头文件包含

typedef   unsigned   char   uchar;        // 类型重定义
typedef   unsigned   int   uint;          // 类型重定义

void delay(unsigned int t);               //函数声明
uchar GPIO(uchar i);                      //函数声明

uchar code tab[]={0xfe,0xfd,0xfb,0xf7,0xef,0xdf,0xbf,0x7f};


/**********************************************************************


****  函数名: main()
****  形  参: 无
****  功  能: 主程序 GPIO 跑马灯测试程序
****  说  明: 用指针+数组+函数实现流水灯
**********************************************************************/
void  main()
{
    uchar i;
    while(1)
    {
        for(i=0;i<8;i++)
```

```
                {
                    P2=GPIO(i);                              //调用函数 GPIO
                    delay(50000);
                }
        }
}


/********************************************************************
**** 函数名：  delay()
**** 形  参：  t 延时时间长度
**** 功  能：  延时函数
**** 说  明：  一定时间长度的延时，时间可调
*********************************************************************/
void delay(unsigned int t)
{
    for(;t>0;t--) ;
}


/********************************************************************
**** 函 数 名：  GPIO(uchar i)
**** 功    能：  返回 P2 需要的值
**** 参    数：  uchar i
**** 返 回 值：  *(p+i)
**** 创建时间：  2013-08-08
**** 说    明：  根据 i 的值，改变(p+i)指向
*********************************************************************/
uchar GPIO(uchar i)
{
    uchar *p;
    p=tab;
    return *(p+i);
}
/*****************************************END*************************************/
```

▶ 8.6.14   用结构体实现流水灯

```
/********************************************************************
**** 文     件：  GPIO.c
**** 功     能：  用结构体实现流水灯
**** 描     述：  轮流点亮 8 个 LED 灯
**** 公     司：  深圳信盈达电子有限公司
**** 网     站：  www.edu118.com
**** 创 建 日 期：  2013-08-08
**** 更 新 日 期：  2013-08-08
**** 编 译 环 境：  Keil uVision V4.01
```

```
**** 目 标 芯 片: STC89C52
**** 晶      振: 11.05926 MHz
**** 硬      件: Super800 实验板硬件连接如图 2.1 所示
*********************************************************************/
#include    <reg52.h>                    // 头文件包含

typedef unsigned  char  uchar;           // 类型重定义
typedef unsigned  int   uint;            // 类型重定义

struct NUM{                              //定义一个结构体,结构体中有 8 个数
    uchar led1;
    uchar led2;
    uchar led3;
    uchar led4;
    uchar led5;
    uchar led6;
    uchar led7;
    uchar led8;
}N={0xfe,0xfd,0xfb,0xf7,0xef,0xdf,0xbf,0x7f};


/*********************************************************************
**** 函数名:  delay()
**** 形   参:  t 延时时间长度
**** 功   能:  延时函数
**** 说   明:  一定时间长度的延时,时间可调
*********************************************************************/
void delay(unsigned int t)
{
    for(;t>0;t--) ;
}


/*********************************************************************
**** 函数名: main()
**** 形   参: 无
**** 功   能: 主程序 GPIO 跑马灯测试程序
**** 说   明: 用结构体实现流水灯,和顺序结构类似
*********************************************************************/
void main()
{
    while(1)
    {
        P2=N.led1;                    //调用结构体中的元素,给 P2 赋值
        delay(50000);
        P2=N.led2;
        delay(50000);
        P2=N.led3;
```

```
            delay(50000);
            P2=N.led4;
            delay(50000);
            P2=N.led5;
            delay(50000);
            P2=N.led6;
            delay(50000);
            P2=N.led7;
            delay(50000);
            P2=N.led8;
            delay(50000);
        }
    }
/*******************************END********************************/
```

8.6.15 用结构体数组实现流水灯

```
/***********************************************************************
****  文        件： GPIO.c
****  功        能： 用结构体数组实现流水灯
****  描        述： 轮流点亮 8 个 LED 灯
****  公        司： 深圳信盈达电子有限公司
****  网        站： www.edu118.com
****  创 建 日  期： 2013-08-08
****  更 新 日  期： 2013-08-08
****  编 译 环  境： Keil uVision V4.01
****  目 标 芯  片： STC89C52
****  晶        振： 11.05926 MHz
****  硬        件： Super800 实验板硬件连接如图 2.1 所示
***********************************************************************/
#include     <reg52.h>                    // 头文件包含

typedef   unsigned   char   uchar;        // 类型重定义
typedef   unsigned   int    uint;         // 类型重定义

struct NUM{                               //定义一个结构体数组
    uchar led;
}N[]={0xfe,0xfd,0xfb,0xf7,0xef,0xdf,0xbf,0x7f};


/***********************************************************************
****  函数名： delay()
****  形  参： t 延时时间长度
****  功  能： 延时函数
****  说  明： 一定时间长度的延时，时间可调
***********************************************************************/
void delay(unsigned int t)
```

```
{
    for(;t>0;t--) ;
}

/*********************************************************************
**** 函数名：main()
**** 形  参：无
**** 功  能：主程序 GPIO 跑马灯测试程序
**** 说  明：用结构体数组+for 循环实现流水灯，与顺序结构类似
*********************************************************************/
void main()
{
    uchar i;
    while(1)
    {
        for(i=0;i<8;i++)
        {
            P2=N[i].led;              //循环调用结构体数组中某个结构体元素的值
            delay(50000);
        }
    }
}
/*****************************END*****************************/
```

8.6.16　用结构体数组+指针实现流水灯

```
/*********************************************************************
**** 文        件：GPIO.c
**** 功        能：用结构体数组+指针实现流水灯
**** 描        述：轮流点亮 8 个 LED 灯
**** 公        司：深圳信盈达电子有限公司
**** 网        站：www.edu118.com
**** 创 建 日 期：2013-08-08
**** 更 新 日 期：2013-08-08
**** 编 译 环 境：Keil uVision V4.01
**** 目 标 芯 片：STC89C52
**** 晶        振：11.05926 MHz
**** 硬        件：Super800 实验板硬件连接如图 2.1 所示
*********************************************************************/
#include   <reg52.h>                // 头文件包含

typedef  unsigned  char  uchar;     // 类型重定义
typedef  unsigned  int  uint;       // 类型重定义

struct NUM{                         //定义一个结构体数组
    uchar led;
```

```
}N[]={0xfe,0xfd,0xfb,0xf7,0xef,0xdf,0xbf,0x7f};

/****************************************************************
**** 函数名：   delay()
**** 形   参：   t 延时时间长度
**** 功   能：   延时函数
**** 说   明：   一定时间长度的延时，时间可调
****************************************************************/
void delay(unsigned int t)
{
    for(;t>0;t--) ;
}


/****************************************************************
**** 函数名：main()
**** 形   参：无
**** 功   能：主程序 GPIO 跑马灯测试程序
**** 说   明：用结构体数组+指针实现流水灯，与循环结构类似
****************************************************************/
void  main()
{
    struct NUM *p;
    uchar i;
    while(1)
    {
        p=N;
        for(i=0;i<8;i++)
        {
            P2=p->led;              //调用指针指向地址中的值，也可以写为(*p).led
            p++;                    //p 指向结构体数组中下一个结构体
            delay(50000);
        }
    }
}
/*************************END************************************
```

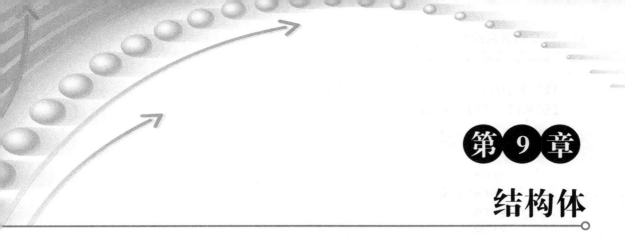

第 9 章

结构体

9.1 结构体概述

本书前面已经介绍过基本数据类型（如字符型、整型等），还介绍了一种构造类型数据——数组，数组中的元素都是属于同一个类型的。

在实际编程过程中仅有这些数据类型是不够的，有时需要将不同类型的数据组合成一个有机整体，以便于引用。这些组合在一个整体中的数据是相互联系的，在嵌入式 C 语言中允许用户自己定义这样一种数据结构，它称为结构体（structure）。

例如，在学生登记表中，一个学生的学号、姓名、性别、年龄、成绩和家庭地址等项都是和该学生相联系的，如图 9.1 所示。可以看到性别（sex）、年龄（age）、成绩（score）、家庭地址（addr）是属于学号 10923（假设学号含义为 10 年 9 班第 23 名学生）和姓名为"liufang"的学生的。

num	name	sex	age	score	addr
10923	liufang	E	19	86.9	shenzhen

图 9.1　学生登记表实例

学号可为整型；姓名为字符型数组；性别应为字符型；年龄应为整型；成绩可为整型或实型；家庭地址为字符型数组。显然不能用一个数组来存放这组数据。因为数组中各元素的类型和长度都必须一致，以便于编译系统处理。为了解决这个问题，C 语言中给出了另一种构造数据类型——"结构（structure）"或称为"结构体"（结构体定义同上）。它相当于其他高级语言中的记录。"结构"是一种构造类型，它是由若干"成员"组成的。每一个成员既可以是一个基本数据类型，同时又是一个构造类型。结构是一种"构造"而成的数据类型，那么在说明和使用之前必须首先定义它，也就是构造它。如同在说明和调用函数之前要首先定义函数一样。

定义一个结构的一般形式如下：

```
struct 结构名
{成员表列};
```

成员表列由若干个成员组成，每个成员都是该结构的一个组成部分。对每个成员也必须做类型说明，其形式如下：

```
类型说明符 成员名;
```

成员名的命名应符合标识符的书写规定。

【例 9.1】 结构定义实例。

```
struct stu
{
    int num ;
    char name[20];
    char sex ;
    int age ;
    float score ;
    char addr[30];
};
```

在这个结构定义中，结构名为 stu，该结构由 6 个成员组成。第一个成员为 num，整型变量；第二个成员为 name，字符数组；第三个成员为 sex，字符变量；第四个成员为 age，整型变量；第五个成员为 score，实型变量；第六个成员为 addr，字符数组。应注意在括号后的分号是不可少的。结构定义之后，即可进行变量说明。凡说明为结构 stu 的变量都由上述 6 个成员组成。由此可见，结构是一种复杂的数据类型，是数目固定、类型不同的若干有序变量的集合。

9.2 结构体变量

9.2.1 结构体变量定义

说明结构变量有以下三种方法。以下以前面定义的 stu 为例加以说明。

首先定义结构，再说明结构变量。

【例 9.2】

```
struct stu
{
    int num ;
    char name[20];
    char sex ;
    int age ;
    float score ;
    char addr[30];
};
struct stu name1,name2 ;
```

本例说明了两个变量 name1 和 name2 为 stu 结构类型。也可以用宏定义使用一个符号常量来表示一个结构类型。

【例9.3】

```
#define STU struct stu
STU
{
    int num ;
    char name[20];
    char sex ;
    int age ;
    float score ;
    char addr[30];
};
STU name1,name2 ;
```

本例在定义结构类型的同时说明结构变量。

【例9.4】

```
struct stu
{
    int num ;
    char name[20];
    char sex ;
    int age ;
    float score ;
    char addr[30];
}name1,name2 ;
```

本例直接说明结构变量。这种形式的说明的一般形式如下：

```
struct 结构名
{
 成员表列
}变量名表列 ;
```

【例9.5】

```
struct
{
    int num ;
    char name[20];
    char sex ;
    int age ;
    float score ;
    char addr[30];
}name1,name2 ;
```

本例这种形式的说明的一般形式如下：

```
struct
{
```

第 9 章

成员表列

}变量名表列 ;

例 9.5 的方法与例 9.4 的方法的区别在于第三种方法中省去了结构名，而直接给出结构变量。

说明了 name1、name2 变量为 stu 类型后，即可向这两个变量中的各个成员赋值。在上述 stu 结构定义中，所有的成员都是基本数据类型或数组类型。

成员也可以又是一个结构，即构成了嵌套的结构。例如，表 9.1 给出了另一个数据结构。

表 9.1　数据结构

num	name	sex	birthday			score
			month	day	year	

按表 9.1 可给出以下结构定义。

【例 9.6】

```
struct date
{
    int month ;
    int day ;
    int year ;
};
struct
{
    int num ;
    char name[20];
    char sex ;
    struct date birthday ;
    float score ;
}name1,name2 ;
```

首先定义一个结构 date，由 month(月)、day(日)、year(年) 三个成员组成。在定义并说明变量 name1 和 name2 时，其中的成员 birthday 被说明为 data 结构类型。成员名可与程序中其他变量同名，互不干扰。

9.2.2　结构变量成员的表示方法

在程序中使用结构变量时，往往不把它作为一个整体来使用。在 ANSIC 中除了允许具有相同或类型结构变量相互赋值以外，一般对结构变量的使用，包括赋值、输入、输出、运算等都是通过结构变量的成员来实现的。

表示结构变量成员的一般形式如下：

结构变量名.成员名

例如：

> name1.num　　　　　　//即第一个人的学号
> name2.sex　　　　　　//即第二个人的性别

如果成员本身又是一个结构，则必须逐级找到最低级的成员才能使用。
例如：

> name1.birthday.month

即第一个人出生的月份成员可以在程序中单独使用，与普通变量完全相同。

9.3　结构变量的初始化和赋值

9.3.1　结构变量的初始化

和其他类型变量一样，结构变量可以在定义时进行初始化赋值。

【例 9.7】　对结构变量初始化。

```
void main(void)
{
    /*定义结构*/
    struct stu
    {
        int num ;
        char*name ;
        char sex ;
        float score ;
    }
    name2,name1=
    {
        102,"Zhang ping",'M',78.5
    }
    ;
    name2=name1;
    printf("Number=%d\nName=%s\n",name2.num,name2.name);
    printf("Sex=%c\nScore=%f\n",name2.sex,name2.score);
}
```

本例中，name2,name1 均被定义为外部结构变量，并对 name1 进行了初始化赋值。
在 main 函数中，把 name1 的值整体赋予 name2，然后用两个 printf 语句输出 name2 各成员的值。

9.3.2 结构变量的赋值

结构变量的赋值就是给各成员赋值。可用输入语句或赋值语句来完成。

【例 9.8】 给结构变量赋值并输出其值。

```
void main(void)
{
    struct stu
    {
        int num ;
        char*name ;
        char sex ;
        float score ;
    }
    name1,name2 ;
    name1.num=102 ;
    name1.name="Zhang ping" ;
    printf("input sex and score\n");
    scanf("%c %f",&name1.sex,&name1.score);
    name2=name1 ;
    printf("Number=%d\nName=%s\n",name2.num,name2.name);
    printf("Sex=%c\nScore=%f\n",name2.sex,name2.score);
}
```

本程序中用赋值语句给 num 和 name 两个成员赋值，name 是一个字符串指针变量。首先用 scanf 函数动态地输入 sex 和 score 成员值，然后把 name1 的所有成员的值整体赋予 name2，最后分别输出 name2 的各个成员值。本例演示了结构变量的赋值、输入和输出的方法。

9.4 结构数组的定义

因为数组的元素也可以是结构类型的，所以可以构成结构型数组。结构数组的每一个元素都是具有相同结构类型的下标结构变量。在实际应用过程中，经常用结构数组表示具有相同数据结构的一个群体，如一个班的学生档案、一个车间职工的工资表等。

定义方法和结构变量相似，只需说明它为数组类型即可。

【例 9.9】

```
struct stu
{
    int num;
    char *name;
    char sex;
    float score;
}name[5];
```

本例定义了一个结构数组 name，共有 5 个元素，name[0]～name[4]。每个数组元素都具有 struct stu 的结构形式。对结构数组可以进行初始化赋值。

【例 9.10】

```
struct stu
    {
        int num;
        char *name;
        char sex;
        float score;
    }name[5]={
            {101,"Li ping","M",45},
            {102,"Zhang ping","M",62.5},
            {103,"He fang","F",92.5},
            {104,"Cheng ling","F",87},
            {105,"Wang ming","M",58};
            }
```

当对全部元素做初始化赋值时，也可以不给出数组长度。

【例 9.11】 计算学生的平均成绩和不及格的人数。

```
struct stu
    {
        int num;
        char *name;
        char sex;
        float score;
    }name[5]={
            {101,"Li ping",'M',45},
            {102,"Zhang ping",'M',62.5},
            {103,"He fang",'F',92.5},
            {104,"Cheng ling",'F',87},
            {105,"Wang ming",'M',58},
            };
    void main(void)
    {
        int i,c=0;
        float ave,s=0;
        for(i=0;i<5;i++)
        {
            s+=name[i].score;
            if(name[i].score<60) c+=1;
        }
        printf("s=%f\n",s);
        ave=s/5;
        printf("average=%f\ncount=%d\n",ave,c);
    }
```

在本例程序中定义了一个外部结构数组 name，共 5 个元素，并进行了初始化赋值。在 main 函数中用 for 语句逐个累加各元素的 score 成员值并存于 s 之中，如果 score 的值小于 60（不及格）则计数器 c 加 1，循环完毕后计算平均成绩，并输出全班总分、平均分和不及格人数。

【例 9.12】 建立同学通讯录。

```c
#include"stdio.h"
#define NUM 3
struct mem
{
    char name[20];
    char phone[10];
};
void main(void)
{
    struct mem man[NUM];
    int i ;
    for(i=0;i<NUM;i++)
    {
        printf("input name:\n");
        gets(man[i].name);
        printf("input phone:\n");
        gets(man[i].phone);
    }
    printf("name\t\t\tphone\n\n");
    for(i=0;i<NUM;i++)
    printf("%s\t\t\t%s\n",man[i].name,man[i].phone);
}
```

在本程序中定义了一个结构 mem，它有两个成员 name 和 phone，用来表示姓名和电话号码。在主函数中定义 man 为具有 mem 类型的结构数组。在 for 语句中，首先用 gets 函数分别输入各个元素中两个成员的值，然后又在另一个 for 语句中用 printf 语句输出各元素中两个成员值。

9.5 结构指针变量的说明和使用

9.5.1 指向结构变量的指针

当一个指针变量用来指向一个结构变量时，称为结构指针变量。结构指针变量中的值是所指向的结构变量的首地址。通过结构指针即可访问该结构变量，这与数组指针和函数指针的情况是相同的。

结构指针变量说明的一般形式如下：

struct 结构名 *结构指针变量名

例如，在前面的例题中定义了 stu 这个结构，如果要说明一个指向 stu 的指针变量 pstu，则可写为如下形式：

struct stu *pstu;

当然，也可以在定义 stu 结构的同时说明 pstu。与前面讨论的各类指针变量相同，结构指针变量也必须首先赋值后才能使用。

赋值就是把结构变量的首地址赋予该指针变量，但是不能把结构名赋予该指针变量。如果 name 是被说明为 stu 类型的结构变量，则"pstu=&name"是正确的，而"pstu=&stu"是错误的。

结构名和结构变量是两个不同的概念，不能混淆。结构名只能表示一个结构形式，编译系统并不对它分配内存空间，只有当某个变量被说明为这种类型的结构时，才对该变量分配存储空间。因此，&stu 这种写法是错误的，不可能获取一个结构名的首地址。有了结构指针变量，就能更方便地访问结构变量的各个成员。

其访问的一般形式如下：

| (*结构指针变量).成员名 | 或为： | 结构指针变量->成员名 |

例如：

| (*pstu).num | 或者： | pstu->num |

应该注意"(*pstu)"两侧的括号不可少，因为成员符"."的优先级高于"*"。如果去掉括号写为"*pstu.num"则等效于"*(pstu.num)"，意义就完全不对了。

下面通过例子来说明结构指针变量的具体说明和使用方法。

【例 9.13】

```
struct stu
    {
        int num;
        char *name;
        char sex;
        float score;
    } name1={102,"Zhang ping",'M',78.5},*pstu;
void main(void)
{
    pstu=&name1;
    printf("Number=%d\nName=%s\n",name1.num,name1.name);
    printf("Sex=%c\nScore=%f\n\n",name1.sex,name1.score);
    printf("Number=%d\nName=%s\n",(*pstu).num,(*pstu).name);
    printf("Sex=%c\nScore=%f\n\n",(*pstu).sex,(*pstu).score);
    printf("Number=%d\nName=%s\n",pstu->num,pstu->name);
    printf("Sex=%c\nScore=%f\n\n",pstu->sex,pstu->score);
}
```

说明：

本例程序不仅定义了一个结构 stu，还定义了 stu 类型结构变量 name1，并进行了初始化赋值，而且定义了一个指向 stu 类型结构的指针变量 pstu。在 main 函数中，pstu 被赋予 name1 的地址，因此 pstu 指向 name1。然后在 printf 语句内用三种形式输出 name1 的各个成员值。从运行结果可以看出：

> 结构变量.成员名
> (*结构指针变量).成员名
> 结构指针变量->成员名

这三种用于表示结构成员的形式是完全等效的。

▶ 9.5.2 指向结构数组的指针

指针变量可以指向一个结构数组，这时，结构指针变量的值是整个结构数组的首地址。结构指针变量也可指向结构数组的一个元素，这时，结构指针变量的值是该结构数组元素的首地址。

假设 ps 为指向结构数组的指针变量，则 ps 指向该结构数组的 0 号元素（第 0 号结构体数组），ps+1 指向 1 号元素，ps+i 则指向 i 号元素。这与普通数组的情况是一致的。

【例 9.14】 用指针变量输出结构数组。

```
struct stu
{
    int num;
    char *name;
    char sex;
    float score;
}name[5]={
            {101,"Zhou ping",'M',45},
            {102,"Zhang ping",'M',62.5},
            {103,"Liou fang",'F',92.5},
            {104,"Cheng ling",'F',87},
            {105,"Wang ming",'M',58},
        };
void main(void)
{
 struct stu *ps;
 printf("No\tName\t\t\tSex\tScore\t\n");
 for(ps=name;ps<name+5;ps++)
 printf("%d\t%s\t\t%c\t%f\t\n",ps->num,ps->name,ps->sex,ps->score);
}
```

在程序中，定义了 stu 结构类型的外部数组 name 并进行了初始化赋值。在 main 函数内定义 ps 为指向 stu 类型的指针。在循环语句 for 的表达式中，ps 被首先赋予 name 的首地址，然后循环 5 次，用于输出 name 数组中各成员值。

应该注意的是，一个结构指针变量虽然可以用来访问结构变量或结构数组元素的成员，但是，不能使它指向一个成员，也就是说，不允许获取一个成员的地址来赋予它。因此，下面的赋值是错误的：

> ps=&name[1].sex;

而只能是：

```
ps=name;              //赋予数组首地址
```

或者是：

```
ps=&name[0];          //赋予 0 号元素首地址
```

▶ 9.5.3 结构指针变量作为函数参数

在 ANSIC 标准中允许用结构变量作为函数参数进行整体传送。但是这种传送要将全部成员逐个传送，特别是成员为数组时将会使传送的时间和空间开销很大，严重地降低了程序的效率。因此，最好的办法就是使用指针，即用指针变量作为函数参数进行传送。这时，由实参传向形参的只是地址，从而减少了时间和空间的开销。

【例 9.15】 计算一组学生的平均成绩和不及格人数。用结构指针变量作为函数参数编程。

```
struct stu
{
    int num;
    char *name;
    char sex;
    float score;
}name[5]={
        {101,"Li ping",'M',45},
        {102,"Zhang ping",'M',62.5},
        {103,"He fang",'F',92.5},
        {104,"Cheng ling",'F',87},
        {105,"Wang ming",'M',58},
        };
void main(void)
{
    struct stu *ps;              //定义 ps 为结构体指针变量
    void ave(struct stu *ps);    //函数声明
    ps=name;
    ave(ps);
}
void ave(struct stu *ps)
{
    int c=0,i;
    float ave,s=0;
    for(i=0;i<5;i++,ps++)
      {
        s+=ps->score;
        if(ps->score<60) c+=1;
      }
    printf("s=%f\n",s);
    ave=s/5;
    printf("average=%f\ncount=%d\n",ave,c);
}
```

第 9 章

说明：

在本程序中定义了函数 ave，其形参为结构指针变量 ps。name 被定义为外部结构数组，因此在整个源程序中有效。首先在 main 函数中定义说明了结构指针变量 ps，并把 name 的首地址赋予它，使 ps 指向 name 数组。然后以 ps 作为实参调用函数 ave。在函数 ave 中完成计算平均成绩和统计不及格人数的工作并输出结果。

由于本程序全部采用指针变量进行运算和处理，所以速度更快、程序效率更高。

【例 9.16】 假设有若干人员的数据，其中有老师和学生。学生的数据中主要包括姓名、号码、性别、职业、班级；老师的数据主要包括姓名、号码、性别、职业、职务。要求可以输入人员的数据，能够输出它们的资料，并把资料放在同一个表格中（也就是只能用一个结构体，根据职业的不同，再选择是班级还是职务）。

```c
#include <stdio.h>

struct INFORMATION
{
    char name[20];
    int no;
    char sex;
    char job;
    union POSITION
    {
        int classno;
        char position[20];
    }pos;
};

int main()
{
    struct INFORMATION person[2];
    int i = 0;
    printf("请输入学生/老师的基本信息!\n");
    for(i = 0; i < 2; i++)
    {
        printf("--------------------\n");
        printf("请输入姓名:");
        scanf("%s", person[i].name);
        printf("请输入编号:");
        scanf("%d", &person[i].no);
        printf("请输入性别(F/M):");
        fflush(stdin);
        scanf("%c", &person[i].sex);
        printf("请输入职业(s/t):");
        fflush(stdin);
        scanf("%c", &person[i].job);
        if(person[i].job == 's')
```

```
            {
                printf("请输入班级:");
                scanf("%d", &person[i].pos.classno);
            }
            else if(person[i].job == 't')
            {
                printf("请输入职务:");
                scanf("%s", person[i].pos.position);
            }
            printf("------------------\n");
            printf("\n");
        }

        printf("----------------------------\n");
        printf("NAME\tNO\tSEX\tJOB\tPOSITION\n");
        for(i = 0; i < 2; i++)
        {
            if(person[i].job == 's')
                printf("%s\t%d\t%c\t%c\t%d\n", person[i].name, person[i].no, person[i].sex,
                            person[i]. job, person[i].pos.classno);
            else if(person[i].job == 't')
                printf("%s\t%d\t%c\t%c\t%s\n", person[i].name, person[i].no, person[i].sex,
                            person[i]. job, person[i].pos.position );
        }
        printf("----------------------------\n");
        return 0;
}
```

9.6　结构指针总结

1）结构体在定义时要注意区分结构体类型和结构体名。

2）结构体在应用时要注意不能直接引用结构体里面的变量，因为结构体是一个整体。
例如：

```
struct    stu
{
    char a;
    int    b;
}name[3],*p,name;
```

struct 为结构体类型，stu 为结构体名，name[3]为结构体数组，*p 为结构体指针，name
为结构体变量。

引用时要用 name[0].a 或 name[1].b 或 p->b 或 name.a。

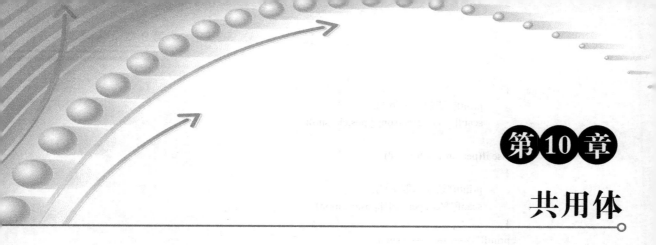

第10章

共用体

10.1 共用体概念

在进行某些算法的嵌入式 C 语言编程时，需要将几种不同类型的变量存放到同一段内存单元中。也就是使用覆盖技术，使几个变量互相覆盖。这种几个不同的变量共同占用一段内存的结构，在嵌入式 C 语言中被称作"共用体"类型结构，简称共用体。

10.2 一般定义形式

共用体一般定义形式如下：

```
union  共用体名
{
      成员表列
}
变量表列 ;
```

简单实例如下：

```
union data
{
    int i ;
    char ch ;
    float f ;
}a,b,c ;
```

也可以将类型声明与变量定义分开 :

```
union data
{
    int i ;
    char ch ;
    float f ;
};
union data a,b,c ;
```

即先声明一个 union data 类型，再将 a、b、c 定义为 union data 类型的变量。

共用体和结构体的定义形式相似。但它们的含义是不同的。

结构体变量所占内存长度是各成员的内存长度之和，每个成员分别占用自己的内存单元；共用体变量所占的内存长度等于最长的成员的长度。

10.3 共用体变量的引用方式

只有首先定义了共用体变量才能引用它。应注意的是，不能引用共用体变量，而只能引用共用体变量中的成员。

简单实例如下：

```
union data
{
    int i;
    char ch;
    float f;
}a,b,c;
```

对于这里定义的共用体变量 a、b、c，下面几种引用方式是正确的。

a.i （引用共用体变量中的整型变量 i）；

a.ch （引用共用体变量中的字符变量 ch）；

a.f （引用共用体变量中的实型变量 f）；

而不能引用共用体变量，例如，"printf("%d",a);" 这种用法是错误的，因为 a 的存储区内有多种类型的数据，分别占用不同长度的存储区，这些共用体变量名为 a，难以使系统确定究竟输出的是哪一个成员的值。

因此，应该写为如下形式：

```
printf("%d",a.i);  或  printf("%c",a.ch);
```

10.4 共用体类型数据的特点

1）同一个内存段可以用来存放几种不同类型的成员，但是在每一个瞬间只能存放其中的一种，而不是同时存放几种。换句话说，每一瞬间只有一个成员起作用，其他的成员不起作用，即不是同时都存在和起作用。

2）共用体变量中起作用的成员是最后一次存放的成员。在存入一个新成员后，原有成员就失去作用。例如：

```
union data
{
    int i;
    char ch;
    float f;
}a;
```

若有以下赋值语句：

```
a.i=2;
a.ch='b';
a.f=7.8。
```

则完成以上 3 个赋值运算以后，只有 a.f 是有效的，a.i 和 a.ch 已经无意义了。

3）共用体变量的地址和它的各成员的地址都是同一地址。

4）不能对共用体变量名赋值，也不能企图引用变量名来得到一个值，并且，也不能在定义共用体变量时对它进行初始化。

例如，以下几种操作都是不对的：

```
① union data
{
    int i ;
    char ch ;
    float f ;
}a={1,'a',1.6 };         //不能初始化
② a=1;//不能对共用体变量进行赋值
③ m=a;//不能引用共用体变量名以得到一个值
```

5）不能把共用体变量作为函数参数，也不能由函数带回共用体变量，但可以使用指向共用体变量的指针。

6）共用体类型既可以出现在结构体类型的定义中，也可以定义共用体数组。反之，结构体也可以出现在共用体类型的定义中，数组也可以作为共用体的成员。

10.5 共用体总结

1）共用体类型在任意时刻只存在一个成员。

2）共用体变量分配内存长度为最长成员所占字节数。

3）共用体和结构体可以相互嵌套。

例如：

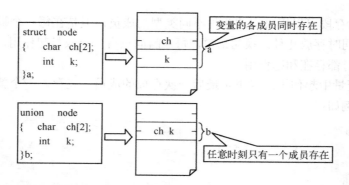

说明：同一时刻，结构体变量能够同时存在，而共用体变量只能存在一个，且共用体类型的长度为所定义最长字节长度的变量所占用的字节数。

第11章

枚举型

11.1 枚举类型

在实际问题中，有些变量的取值被限定在一个有限的范围内。例如，一个星期内只有七天，一年只有十二个月，一个班每周有六门课程等。如果把这些量说明为整型、字符型或其他类型显然是不妥当的。为此，C语言提供了一种称为"枚举"的类型。在"枚举"类型的定义中列举出所有可能的取值，说明该"枚举"类型的变量取值不能超过定义的范围。应该说明的是，枚举类型是一种基本数据类型，而不是一种构造类型，因为它不能再分解为任何基本类型。

11.2 枚举类型的定义和枚举变量的说明

枚举类型定义的一般形式如下：

enum 枚举名{ 枚举值表 };

在枚举值表中应罗列出所有可用值。这些值也称为枚举元素。

例如，该枚举名为 weekday，枚举值共有 7 个，即一周中的七天。凡被说明为 weekday 类型变量的取值只能是 7 天中的某一天。

枚举变量的说明如同结构和联合一样，枚举变量也可用不同的方式说明，即先定义后说明，同时定义说明或直接说明。

设有变量 a、b、c 被说明为上述的 weekday，可采用下述任意一种方式：

```
enum weekday{ sun,mou,tue,wed,thu,fri,sat };
enum weekday a,b,c;
```

或者如下：

```
enum weekday
{
sun,mou,tue,wed,thu,fri,sat
}a,b,c;
```

或者如下:

```
enum { sun,mou,tue,wed,thu,fri,sat }a,b,c;
```

11.3 枚举类型变量的赋值和使用

枚举类型在使用中的规定是:枚举值是常量,不是变量。不能在程序中用赋值语句再对它赋值。

例如,对枚举 weekday 的元素再做以下赋值都是错误的。

```
sun=5;
mon=2;
sun=mon;
```

枚举元素本身由系统定义了一个表示序号的数值,从 0 开始顺序定义为 0、1、2、……。例如,在 weekday 中,sun 值为 0,mon 值为 1,……,sat 值为 6。

【例 11.1】

```
void main(void)
{
    enum weekday
    { sun,mon,tue,wed,thu,fri,sat } a,b,c;
    a=sun;
    b=mon;
    c=tue;
    printf("%d,%d,%d",a,b,c);
}
```

说明:

只能把枚举值赋予枚举变量,不能把元素的数值直接赋予枚举变量。例如:

"a=sum;"及"b=mon;"是正确的,而"a=0;"及"b=1;"是错误的。如果一定要把数值赋予枚举变量,则必须用强制类型转换。例如:"a=(enum weekday)2;"其意义是将顺序号为 2 的枚举元素赋予枚举变量 a,相当于"a=tue;"。还应该说明的是,枚举元素不是字符常量,也不是字符串常量,使用时不要加单、双引号。

【例 11.2】

```
void main(void)
{
    enum body
    {
        a,b,c,d
    } month[31],j;              //定义一枚举类型
    int i;
    j=a;
    for(i=1;i<=30;i++)
```

```
        {
            month[i]=j;
            j++;
            if (j>d) j=a;
        }
        for(i=1;i<=30;i++)
        {
            switch(month[i])
            {
                case a:printf(" %2d    %c\t",i,'a'); break;
                case b:printf(" %2d    %c\t",i,'b'); break;
                case c:printf(" %2d    %c\t",i,'c'); break;
                case d:printf(" %2d    %c\t",i,'d'); break;
                default:break;
            }
        }
        printf("\n");
    }
```

运行结果：

如果 month[i]=a，则输出"a"；

如果 month[i]=b，则输出"b"；

如果 month[i]=c，则输出"c"；

如果 month[i]=d，则输出"d"。

11.4 枚举类型总结

1）枚举是指将变量的值一一列出来，变量的值只限于列举出来的值的范围。

2）枚举值是常量，不是变量。不能在程序中用赋值语句再对它赋值。

3）枚举元素本身由系统定义了一个表示序号的数值，从 0 开始顺序定义为 0、1、2、……。

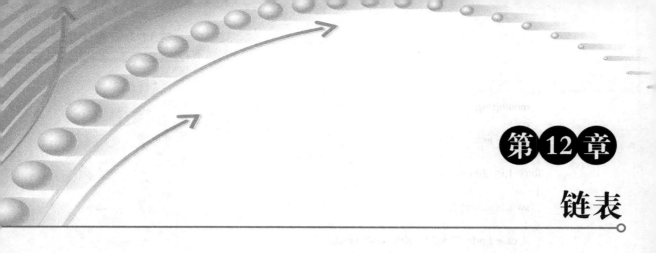

第12章

链表

因为链表、文件占用内存太大，所以在单片机中一般不使用。在嵌入式 C 语言中可以用到链表，文件在 Linux 系统中有相关操作接口，所以嵌入式 C 语言中的文件在 Linux 中用不到。

在单片机中，因为 RAM 和 ROM 容量的限制，所以一般不用动态地存储或分配库函数中相应函数。

12.1 动态存储分配

在本书第 7 章中曾介绍过数组的长度是预先定义好的，在整个程序中固定不变。C 语言中不允许动态数组类型。例如：

```
int n;
scanf("%d",&n);
int a[n];
```

此例用变量表示长度，以对数组的大小作动态说明，所以是错误的。但是在实际编程中往往会发生这种情况，即所需的内存空间取决于实际输入的数据，因此无法预先确定。对于这种问题，用数组的办法很难解决。为了解决上述问题，C 语言提供了一些内存管理函数，这些内存管理函数可以按需要动态地分配内存空间，也可把不再使用的空间回收待用，为有效地利用内存资源提供了手段。

常用的内存管理函数有以下三种。

1）分配内存空间函数 malloc，调用形式如下：

```
(类型说明符*)malloc(size)
```

功能：在内存的动态存储区中分配一块长度为"size"字节的连续区域。函数的返回值为该区域的首地址。

"类型说明符"表示把该区域用于何种数据类型。"(类型说明符*)"表示把返回值强制转换为该类型指针。"size"是一个无符号数。例如：

```
pc=(char *)malloc(100);
```

表示分配 100 个字节的内存空间，并强制转换为字符数组类型，函数的返回值为指向该字符数组的指针，把该指针赋予指针变量 pc。

2）分配内存空间函数 calloc。calloc 也用于分配内存空间，调用形式如下：

> (类型说明符*)calloc(n,size)

功能：在内存动态存储区中分配 n 块长度为"size"字节的连续区域。函数的返回值为该区域的首地址。

"(类型说明符*)"用于强制类型转换。

calloc 函数与 malloc 函数的区别仅在于一次可以分配 n 块区域。例如：

> ps=(struct stu*)calloc(2,sizeof(struct stu));

其中的"sizeof(struct stu)"是求"stu"的结构长度。因此，该语句的意思是：按"stu"的长度分配 2 块连续区域，强制转换为"stu"类型，并把其首地址赋予指针变量"ps"。

3）释放内存空间函数 free，调用形式如下：

> free(void*ptr);

功能：释放 ptr 所指向的一块内存空间，ptr 是一个任意类型的指针变量，它指向被释放区域的首地址。被释放区应是由 malloc 或 calloc 函数所分配的区域。

【例 12.1】 分配一块区域，输入一个学生数据。

```
void main(void)
{
    struct stu
    {
        int num;
        char *name;
        char sex;
        float score;
    } *ps;
    ps=(struct stu*)malloc(sizeof(struct stu));
    ps->num=102;
    ps->name="Zhang ping";
    ps->sex='M';
    ps->score=62.5;
    printf("Number=%d\nName=%s\n",ps->num,ps->name);
    printf("Sex=%c\nScore=%f\n",ps->sex,ps->score);
    free(ps);
}
```

说明：

在本例中首先定义了结构 stu，定义了 stu 类型指针变量 ps。然后分配一块 stu 大内存区，并把首地址赋予 ps，使 ps 指向该区域。再以 ps 为指向结构的指针变量对各成员赋值，并用 printf 输出各成员值。最后用 free 函数释放 ps 指向的内存空间。整个程序包含了申请内存空间、使用内存空间、释放内存空间三个步骤，实现了存储空间的动态分配。

12.2 链表的概念

在例 12.1 中采用了动态分配的办法为一个结构分配内存空间。可以每一次分配一块空间用来存放一个学生的数据，称为一个结点。有多少个学生就应该申请分配多少块内存空间，也就是说要建立多少个结点。当然，用结构数组也可以完成上述工作，但如果预先不能准确把握学生人数，也就无法确定数组大小。而且当学生留级、退学之后也不能把该元素占用的空间从数组中释放出来。

用动态存储的方法可以很好地解决这些问题。有一个学生就分配一个结点，无须预先确定学生的准确人数。若某学生退学，则可删去该结点，并释放该结点占用的存储空间，从而节约了宝贵的内存资源。另一方面，用数组的方法必须占用一块连续的内存区域，而使用动态分配时，每个结点之间可以是不连续的（结点内是连续的）。结点之间的联系可以用指针实现，即在结点结构中定义一个成员项用来存放下一结点的首地址，这个用于存放地址的成员常被称为指针域。

可在第一个结点的指针域内存入第二个结点的首地址，在第二个结点的指针域内又存放第三个结点的首地址，如此串连下去直到最后一个结点。最后一个结点因无后续结点连接，其指针域可赋为"0"。这样一种连接方式在数据结构中称为"链表"。

如图 12.1 所示为一个简单链表的示意图。

图 12.1　简单链表示意图

如图 12.1 所示的第 0 个结点称为头结点，它存放第一个结点的首地址，它没有数据，只是一个指针变量。以下的每个结点都分为两个域，一个是数据域，存放各种实际的数据，如学号 num、姓名 name、性别 sex 和成绩 score 等；另一个域为指针域，存放下一结点的首地址。链表中的每一个结点都是同一种结构类型。

例如，一个存放学生学号和成绩的结点应为以下结构：

```
struct stu
{
    int num;
    int score;
    struct stu *next;
};
```

前两个成员项组成数据域，最后一个成员项 next 构成指针域，它是一个指向 stu 类型结构的指针变量。

链表的基本操作有以下几种：

1）建立链表；

2）结构的查找与输出；

3）插入一个结点；

4）删除一个结点。

下面通过例题来说明这些操作。

【例 12.2】　建立一个有三个结点的链表以存放学生数据。为简单起见，假定学生数据结构中只有学号和年龄两项。可编写一个建立链表的函数 creat。程序如下：

```c
#define NULL 0
#define TYPE struct stu
#define LEN sizeof (struct stu)
struct stu
{
    int num ;
    int age ;
    struct stu*next ;
}
;
TYPE*creat(int n)
{
    struct stu *head,*pf,*pb ;
    int i ;
    for(i=0;i<n;i++)
    {
        pb=(TYPE*)malloc(LEN);
        printf("input Number and    Age\n");
        scanf("%d%d",&pb->num,&pb->age);
        if(i= =0)
                pf=head=pb ;
        else
                pf->next=pb ;
        pf=pb ;
    }
    pb->next=NULL ;
    return(head);
}
```

说明：

在函数外首先用宏定义对三个符号常量做了定义。这里用 TYPE 表示 struct stu，用 LEN 表示 sizeof (struct stu)，主要目的是为了在下面的程序内减少书写并使阅读更加方便。结构 stu 定义为外部类型，程序中的各个函数均可使用该定义。

creat 函数用于建立一个有 n 个结点的链表，它是一个指针函数，它返回的指针指向 stu 结构。在 creat 函数内定义了三个 stu 结构的指针变量。head 为头指针，pf 为指向两相邻结点的前一结点的指针变量。pb 为后一结点的指针变量。

如果 n=2；

第一次：i<2；所以 pf=head，pb->next=NUL；

第二次：(i=1)<2；所以 pf->next=pb，pb->next=NULL。

【例 12.3】 编写一个函数，在链表中按学号查找该结点。程序如下：

```
TYPE *search(TYPE *head,int num)
{
    TYPE *p;
    p=head;
    while(p->num!=num && p->next!=0)
        p=p->next;          /*不是需要的结点就指向下一个结点*/
    if(p->num==num)         /*查询到符合条件的结点后就返回该结点地址*/
        return p;
    else
        printf("没有符合条件的学员！\n");
    p=NULL;                 /*没有符合条件的结点指针指向就为空*/
    return p;
}
```

本函数中使用的符号常量 TYPE 与【例 12.2】的宏定义相同，等同于 struct stu。函数有两个形参，head 是指向链表的指针变量（入口地址），num 为要查找的学号。进入 while 语句，逐个检查结点的 num 成员是否等于 num，如果不等于 num 且指针域不等于 NULL（不是最后结点），则后移一个结点，继续循环。如果找到该结点，则返回结点指针。如果循环结束仍未找到该结点，则输出"没有符合条件的学员！"的提示信息。

【例 12.4】 编写一个函数，删除链表中的指定结点。程序如下：

```
TYPE *deletet(TYPE *head,int num)
{
    TYPE *pf,*pb;
    pb=head;
    if(pb==0)
    {
        printf("该链表为空链表!\n");
        goto end;
    }
    else
    {
        /*当 pb 指向的结点既不是要删除的结点，也不是最后一个结点时，继续循环*/
        while(pb->num != num && pb->next!=0)
        {
            pf=pb;
            pb=pb->next;
        }
        if(pb->num==num)
        {
            if(pb==head)            //判断是否是第一个结点
                head=pb->next;
            else
```

```
                    pf->next=pb->next;
                    free(pb);
                    printf("已删除结点!\n");
                }
                else
                    printf("无符合条件的结点!\n");
            }

        end:
        return head;
    }
```

删除一个结点有以下两种情况。

1）若被删除结点是第一个结点，则这种情况只需使 head 指向第二个结点即可，即 head=pb->next。

2）若被删结点不是第一个结点，则这种情况只需使被删结点的前一个结点指向被删结点的后一个结点，即 pf->next=pb->next。

函数有两个形参，head 为指向链表第一结点的指针变量，num 为结点的学号。首先判断链表是否为空，若为空则不可能有被删结点。若不为空，则使 pb 指针指向链表的第一个结点。进入 while 语句后逐个查找被删结点。找到被删结点之后再检查是否为第一结点，若是则使 head 指向第二结点（即把第一结点从链中删去），否则使被删结点的前一结点（pf 所指的结点）指向被删结点的后一结点（被删结点的指针域所指的结点）。若循环结束时仍未找到要删的结点，则输出"无符合条件的结点"的提示信息。最后返回 head 值。

【例 12.5】 编写一个函数，在链表中指定位置插入一个结点。在一个链表的指定位置插入结点，要求链表本身必须是已按某种规律排好序的。例如，在学生数据链表中，要求按学号顺序插入一个结点。程序如下：

```
TYPE *insert(TYPE *head, TYPE *pi)
{
    TYPE *pf,*pb;
    pb=head;
    if(head==0)                              //判断链表是否为空
    {
        head=pi;
        pi->next=0;
    }
    else
    {
        while((pi->num>pb->num) && pb->next!=0)   //查询 pi->num 是否<=链表中某个结点
        {
            pf=pb;
            pb=pb->next;
        }
        if(pb==head)
```

```
                {
                        head=pi;                                    //在链表首插入
                        pi->next=pb;
                }
                else
                {
                        if(pi->num<=pb->num)                        //判断是否有符合条件的结点
                        {
                                pf->next=pi;                        //在两个结点中间插入结点
                                pi->next=pb;
                        }
                        else
                        {
                                pb->next=pi;                        //在链表尾插入
                                pi->next=0;
                        }
                }
        }
        return head;
}
```

可在以下四种不同情况下插入结点。

1）若原表是空表，则只需使 head 指向被插结点。

2）若被插结点值最小，则应将结点插入第一个结点之前。这种情况下只需使 head 指向被插入结点，被插入结点的指针域指向原来的第一结点即可，即 pi->next=pb;head=pi。

3）在其他位置插入。这种情况下，使插入位置的前一结点的指针域指向被插入结点，使被插入结点的指针域指向插入位置的后一结点，即 pi->next=pb;pf->next=pi。

4）在链表末插入。这种情况下使原表末结点指针域指向被插入结点，被插入结点指针域置为 NULL。

本例函数的两个形参均为指针变量，head 指向链表，pi 指向被插入结点。函数中首先判断链表是否为空，若为空则使 head 指向被插入结点；若不为空，则用 while 语句循环查找插入位置。找到之后再判断是否在第一个结点之前插入，若是则使 head 指向被插入结点，被插入结点指针域指向原第一结点，否则在其他位置插入。若插入的结点大于表中所有结点，则在链表末插入。函数返回一个指针，该指针是链表的头指针。当插入的位置在第一个结点之前时，插入的新结点成为链表的第一个结点，因此 head 的值也有了改变，所以需要把这个指针返回主调函数。

【例 12.6】 找出几本书中价格最贵和最便宜的书。

```
#include<stdio.h>
#include<stdlib.h>
struct book{                                    /*定义结构*/
        char name[15];
        int price;
};
```

```
int main(void)
{
        int i,n,min,max;
        struct book *p;

        printf("Enter n:");                          /*输入书的数量*/
        scanf("%d",&n);

        if((p=(struct book *)malloc(n*sizeof(struct book)))==NULL){        /*动态内存申请*/
                printf("动态内存空间申请失败！");
                        exit(1);
        }

        min=max=0;
        for(i=0;i<n;i++){/*分别输入 n 本书的书名和价格，输入的同时找出价格最贵和最便宜的书*/
                printf("请输入第%d 本书的书名和价格：",i+1);
                scanf("%s%d",p[i].name,&p[i].price);
                if(p[i].price<p[min].price)
                        min=i;
                if(p[i].price>p[max].price)
                        max=i;
        }
                                        /*将价格最贵和最便宜的书的信息输出*/
        printf("最昂贵的书是《%s》,竟要%d 元！\n 最便宜的书是《%s》，只要%d 元！
\n",p[max].name,p[max].price,p[min].name,p[min].price);

        return 0;
}
```

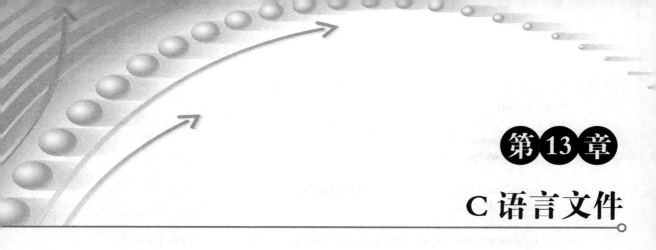

第13章

C 语言文件

1. 文件的概念

所谓"文件"是指一组相关数据的有序集合。这个数据集有一个名称，称为文件名。实际上，在本书前面的各章中已经多次使用了文件，如源程序文件、目标文件、可执行文件和库文件（头文件）等。

文件通常是驻留在外部介质（如磁盘等）上的，在使用时才调入内存。从不同的角度可对文件进行不同的分类。从用户的角度看，文件可分为普通文件和设备文件两种。

普通文件是指驻留在磁盘或其他外部介质上的一个有序数据集，既可以是源文件、目标文件、可执行程序，也可以是一组待输入处理的原始数据，或者是一组输出的结果。源文件、目标文件、可执行程序可以称为程序文件，输入/输出数据文件可称为数据文件。

设备文件是指与主机相连的各种外部设备，如显示器、打印机、键盘等。在操作系统中，把外部设备也看作是一个文件来进行管理，把它们的输入、输出等同于对磁盘文件的读和写。

通常把显示器定义为标准输出文件，一般情况下，在屏幕上显示相关信息就是向标准输出文件输出。例如，本书前面经常使用的 printf、putchar 函数都是这类输出。

键盘通常被指定向标准的输入文件输入，从键盘上输入就意味着从标准输入文件上输入数据。scanf、getchar 函数都属于这类输入。

【例 13.1】 文件复制实例。

```c
#include<stdlib.h>
#include<string.h>
int main(void)
{
    FILE *fp1,*fp2;
    char c,s[80],s1[80];

    printf("请输入要复制的文件名：\n");
    scanf("%s",s);
    strcpy(s1,s);
    strcat(s,".txt");
    if((fp1=fopen(s,"r"))==NULL){
        printf("文件打开失败！\n");
        exit(0);
```

```
    }
        strcat(s1," 复制.txt");
        if((fp2=fopen(s1,"w"))==NULL){
            printf("文件打开失败！\n");
            exit(0);
        }
        while(!feof(fp1)){
            c=fgetc(fp1);
            fputc(c,fp2);
        }
        fclose(fp1);
        fclose(fp2);
        printf("文件复制完毕！\n");

        return 0;
    }
```

2．C 语言库文件

C 语言提供了丰富的系统文件，称为库文件。C 语言的库文件分为两类，一类是扩展名为 ".h" 的文件，称为头文件，在本书前面的包含命令中已多次使用过。在 ".h" 文件中包含了常量定义、类型定义、宏定义、函数原型及各种编译选择设置等信息；另一类是函数库，包括了各种函数的目标代码，供用户在程序中调用。通常，在程序中调用一个库函数时，要在调用之前包含该函数原型所在的 ".h" 文件。表 13.1 给出了 Turbo C 的全部 ".h" 文件。

表 13.1　Turbo C 头文件

文 件 名	文件作用及内容
ALLOC.H	说明内存管理函数（分配、释放等）
ASSERT.H	定义 assert 调试宏
BIOS.H	说明调用 IBM-PC ROM BIOS 子程序的各个函数
CONIO.H	说明调用 DOS 控制台 I/O 子程序的各个函数
CTYPE.H	包含有关字符分类及转换的各类信息（如 isalpha 和 toascii 等）
DIR.H	包含有关目录和路径的结构、宏定义和函数
DOS.H	定义和说明 MSDOS 和 8086 调用的一些常量和函数
ERRON.H	定义错误代码的助记符
FCNTL.H	定义在与 open 库子程序连接时的符号常量
FLOAT.H	包含有关浮点运算的一些参数和函数
GRAPHICS.H	说明有关图形功能的各个函数，图形错误代码的常量定义，以及对不同驱动程序的各种颜色值、函数用到的一些特殊结构
IO.H	包含低级 I/O 子程序的结构和说明
LIMIT.H	包含各环境参数、编译时间限制和数的范围等信息
MATH.H	说明数学运算函数，并定义 HUGE VAL 宏，说明 matherr 和 matherr 子程序用到的特殊结构

文 件 名	文件作用及内容
MEM.H	说明一些内存操作函数（其中大多数也在 STRING.H 中说明）
PROCESS.H	说明进程管理的各个函数，spawn...和 EXEC...函数的结构说明
SETJMP.H	定义 longjmp 和 setjmp 函数用到的 jmp buf 类型，说明这两个函数
SHARE.H	定义文件共享函数的参数
SIGNAL.H	定义 SIG[ZZ(Z) [ZZ)]IGN 和 SIG[ZZ(Z] [ZZ)]DFL 常量，说明 rajse 和 signal 两个函数
STDARG.H	定义读函数参数表的宏（如 vprintf、vscarf 函数）
STDDEF.H	定义一些公共数据类型和宏
STDIO.H	定义 Kernighan 和 Ritchie 在 Unix System V 中定义的标准和扩展的类型和宏。并定义标准 I/O 预定义流：stdin、stdout 和 stderr，说明 I/O 流子程序
STDLIB.H	说明一些常用的子程序：转换子程序、搜索/排序子程序等
STRING.H	说明一些串操作和内存操作函数
SYS\STAT.H	定义在打开和创建文件时用到的一些符号常量
SYS\TYPES.H	说明 ftime 函数和 timeb 结构
SYS\TIME.H	定义时间的类型 time[ZZ(Z) [ZZ)]t
TIME.H	定义时间转换子程序 asctime、localtime 和 gmtime 的结构，ctime、 difftime、 gmtime、 localtime 和 stime 用到的类型，并提供这些函数的原型
VALUE.H	定义一些重要常量，包括依赖于机器硬件的和为与 Unix System V 相兼容而说明的一些常量，并包括浮点和双精度值的范围

3. C 语言文件总结

1）C 语言把文件当作一个"流"，按字节进行处理。

2）C 语言文件按编码方式分为二进制文件和 ASCII 文件。

3）C 语言中，用文件指针标识文件，当一个文件被打开时，可取得该文件指针。

4）文件在读写之前必须打开，读写结束必须关闭。

5）文件可按只读、只写、读写、追加四种操作方式打开，同时还必须指定文件的类型是二进制文件还是文本文件。

6）文件可按字节、字符串、数据块为单位读写，文件也可按指定的格式进行读写。

7）文件内部的位置指针可指示当前的读写位置，移动该指针可以对文件实现随机读写。

第 14 章

预处理命令

14.1 预处理命令概述

在本书前面各章中已多次使用过以"#"号开头的预处理命令，如包含命令#include、宏定义命令#define 等。在源程序中这些命令都放在函数之外，而且一般都放在源文件的前面，它们称为预处理部分。

所谓预处理就是指在进行编译的第一遍扫描（词法扫描和语法分析）之前所做的工作。预处理是 C 语言的一个重要功能，它由预处理程序完成。当对一个源文件进行编译时，系统将自动引用预处理程序对源程序中的预处理部分进行处理，处理完毕自动进入对源程序的编译。

C 语言提供了多种预处理功能，如宏定义、文件包含、条件编译等。合理地使用预处理功能编写的程序既便于阅读、修改、移植和调试，也有利于模块化程序设计。本章介绍常用的几种预处理功能。

14.2 宏定义

在 C 语言源程序中允许用一个标识符来表示一个字符串，称为"宏"。被定义为"宏"的标识符称为"宏名"。在编译预处理时，对程序中所有出现的"宏名"都用宏定义中的字符串去代换，称为"宏代换"或"宏展开"。

宏定义是由源程序中的宏定义命令完成的。宏代换是由预处理程序自动完成的。

在 C 语言中，"宏"分为有参数和无参数两种。下面分别讨论这两种"宏"的定义和调用。

▶ 14.2.1 无参宏定义

无参宏的宏名后不带参数，其定义的一般形式如下：

> #define 标识符 字符串

其中的"#"表示这是一条预处理命令。凡是以"#"开头的命令均为预处理命令。"define"为宏定义命令。"标识符"为所定义的宏名。"字符串"可以是常数、表达式、格式串等。

在本书前面介绍过的符号常量的定义就是一种无参宏定义。此外，程序员常对程序中反复使用的表达式进行宏定义。

例如：

```
#define M (y*y+3*y)
```

它的作用是指定标识符"M"来代替表达式"(y*y+3*y)"。在编写源程序时，所有的"(y*y+3*y)"都可由"M"代替，而对源程序进行编译时，将首先由预处理程序进行宏代换，即用"(y*y+3*y)"表达式去置换所有的宏名"M"，然后再进行编译。

【例 14.1】 无参宏定义实例。

```
#define M (y*y+3*y)
void main(void)
{
    int s,y ;
    printf("input a number:   ");
    scanf("%d",&y);
    s=3*M+4*M+5*M ;
    printf("s=%d\n",s);
}
```

说明：

上例程序中首先进行宏定义，定义"M"来替代表达式"(y*y+3*y)"，在"s=3*M+4*M+5*M"中做了宏调用。在预处理时经宏展开后该语句变为：

```
s=3*(y*y+3*y)+4*(y*y+3*y)+5*(y*y+3*y);
```

要注意的是，在宏定义中表达式"(y*y+3*y)"两边的括号不能少，否则会发生错误。例如，当进行以下定义后：

```
#difine M y*y+3*y
```

在宏展开时将得到下述语句：

```
s=3*y*y+3*y+4*y*y+3*y+5*y*y+3*y;
```

这相当于：

$$3y^2+3y+4y^2+3y+5y^2+3y;$$

显然与原题意要求不符，计算结果当然是错误的。因此，在进行宏定义时必须十分注意，应保证在宏代换之后不发生错误。

对于宏定义还要说明以下几点。

1）宏定义是用宏名来表示一个字符串的，在宏展开时又以该字符串取代宏名，这只是一种简单的代换，字符串中可以包含任何字符，既可以是常数，也可以是表达式，预处理程序对它不做任何检查。如果有错误，则只能在编译已被宏展开后的源程序时发现。

2）宏定义不是说明或语句，在行末不必加分号，若加上分号则连分号也一起置换。

3）宏定义必须写在函数之外，其作用域为从宏定义命令起到源程序结束。若要终止其作用域，则可使用#undef 命令。

例如：

```
#define PI 3.14159
void main(void)
{
    …
}
#undef PI
f1()
{
    …
}
```

表示 PI 只在 main 函数中有效，在 f1 中无效。

宏名在源程序中若用引号括起来，则预处理程序不对其进行宏代换。

【例 14.2】

```
#define OK 100
void main(void)
{
  printf("OK");
  printf("\n");
}
```

说明：

例 14.2 中定义宏名 OK 表示 100，但在 printf 语句中 OK 被引号括起来，因此不做宏代换。

程序的运行结果为"OK"，这表示把"OK"当作字符串处理。

宏定义允许嵌套，在宏定义的字符串中可以使用已经定义的宏名。在宏展开时由预处理程序层层代换。

例如：

```
#define PI 3.1415926
#define S PI*y*y           /* PI 是已定义的宏名*/
```

对于语句：

```
printf("%f",S);
```

在宏代换后变为：

```
printf("%f",3.1415926*y*y);
```

4）习惯上，宏名用大写字母表示，以便与变量区别。但也允许用小写字母表示。

5）可用宏定义表示数据类型，以使书写方便。

例如：

```
#define STU struct stu
```

在程序中可用 STU 做变量说明：

```
STU body[5],*p;
#define INTEGER int
```

在程序中即可用 INTEGER 做整型变量说明：

```
INTEGER a,b;
```

应注意用宏定义表示数据类型和用 typedef 定义数据说明符的区别。

宏定义只是简单的字符串代换，是在预处理时完成的，而 typedef 是在编译时处理的，它不是做简单的代换，而是对类型说明符重新命名。被命名的标识符具有类型定义说明的功能。

请看下面的例子：

```
#define PIN1 int *
typedef (int *) PIN2;
```

从形式上看这两者相似，但在实际使用中却不相同。

下面用 PIN1，PIN2 说明变量时就可以看出它们的区别：

```
PIN1 a,b;
```

在宏代换后变为：

```
int *a,b;
```

表示 a 是指向整型的指针变量，而 b 是整型变量。

然而：

```
PIN2 a,b;
```

表示 a，b 都是指向整型的指针变量，因为 PIN2 是一个类型说明符。由这个例子可以看出，宏定义虽然也可表示数据类型，但毕竟是做字符代换，在使用时要分外小心，以避免出错。

6）对"输出格式"做宏定义，可以减少书写麻烦。

【例 14.3】 采用对"输出格式"做宏定义的方法实例。

```
#define P printf
#define D "%d\n"
#define F "%f\n"
```

```
void main(void)
{
    int a=5,c=8,e=11 ;
    float b=3.8,d=9.7,f=21.08 ;
    P(D F,a,b);
    P(D F,c,d);
    P(D F,e,f);
}
```

14.2.2　带参宏定义

C 语言允许宏带有参数。在宏定义中的参数称为形式参数，在宏调用中的参数称为实际参数。

在调用带参数的宏时，不仅要将宏展开，而且要用实参去代换形参。

带参宏定义的一般形式如下：

```
#define　宏名(形参表)　字符串
```

在字符串中含有多个形参。

带参宏调用的一般形式如下：

```
宏名(实参表);
```

例如：

```
#define M(y) y*y+3*y        /*宏定义*/
…
k=M(5);                     /*宏调用*/
…
```

在宏调用时，用实参“5”代替形参“y”，经预处理宏展开后的语句如下：

```
k=5*5+3*5
```

【例 14.4】　带参宏定义实例。

```
#define MAX(a,b) (a>b)?a:b
void main(void)
{
    int x,y,max ;
    printf("input two numbers:      ");
    scanf("%d%d",&x,&y);
    max=MAX(x,y);
    printf("max=%d\n",max);
}
```

说明：

例 14.4 程序的第一行进行带参宏定义，用宏名"MAX"表示条件表达式"(a>b)?a:b"，形参"a""b"均出现在条件表达式中。程序第七行"max=MAX(x,y)"为宏调用，实参"x"、"y"将代换形参"a""b"。宏展开后该语句如下：

```
max=(x>y)?x:y;
```

用于计算"x""y"中的最大数。

对于带参的宏定义有以下问题需要说明：

1）带参宏定义中，宏名和形参表之间不能有空格出现。

例如：

```
#define MAX(a,b) (a>b)?a:b
```

若写为如下形式：

```
#define MAX   (a,b)   (a>b)?a:b
```

将被认为是无参宏定义，宏名"MAX"代表字符串"(a,b) (a>b)?a:b"。宏展开时，宏调用语句：

```
max=MAX(x,y);
```

将变为：

```
max=(a,b)(a>b)?a:b(x,y);
```

这显然是错误的。

2）在带参宏定义中，形式参数不分配内存单元，因此不必做类型定义。而宏调用中的实参有具体的值。要用它们去代换形参，因此必须做类型说明。这是与函数中的情况不同的。在函数中，形参和实参是两个不同的量，各自有自己的作用域，调用时要把实参值赋予形参，进行"值传递"。而在带参宏中，只是进行符号代换，不存在值传递的问题。

3）在宏定义中的形参是标识符，而宏调用中的实参可以是表达式。

【例 14.5】

```
#define SQ(y) (y)*(y)
void main(void)
{
    int a,sq ;
    printf("input a number:     ");
    scanf("%d",&a);
    sq=SQ(a+1);
    printf("sq=%d\n",sq);
}
```

说明：

例 14.5 中第一行为宏定义，形参为"y"。程序第七行宏调用中实参为"a+1"，是一个表达式，在宏展开时，用"a+1"代换"y"，再用"(y)*(y)"代换"SQ"，得到如下语句：

```
sq=(a+1)*(a+1);
```

这与函数的调用是不同的。函数调用时要把实参表达式的值求出来再赋予形参，而宏代换中对实参表达式不做计算而直接照原样代换。

4）在宏定义中，字符串内的形参通常要用括号括起来以避免出错。在例 14.5 中的宏定义中"(y)*(y)"表达式的"y"都用括号括起来，因此结果是正确的。如果去掉括号，则把程序改为如 14.6 所示形式。

【例 14.6】

```
#define SQ(y)   y*y
void main(void)
{
    int a,sq ;
    printf("input a number:   ");
    scanf("%d",&a);
    sq=SQ(a+1);
    printf("sq=%d\n",sq);
}
```

说明：

运行结果为：

```
input a number:3
sq=7
```

同样输入"3"，但结果却是不一样的。问题在哪里呢？这是由于代换只做符号代换而不做其他处理而造成的。宏代换后将得到以下语句：

```
sq=a+1*a+1;
```

由于"a"为"3"，故"sq"的值为"7"。这显然与题意相违，因此参数两边的括号是不能少的。即使在参数两边加括号还是不够的，请看例 14.7。

【例 14.7】

```
#define SQ(y) (y)*(y)
void main(void)
{
    int a,sq ;
    printf("input a number:   ");
    scanf("%d",&a);
    sq=160/SQ(a+1);
    printf("sq=%d\n",sq);
}
```

说明：

本程序与前例相比，只把宏调用语句改如下形式：

```
sq=160/SQ(a+1);
```

运行本程序，如输入值仍为 3，希望结果为 10。但实际运行的结果如下：

```
input a number:3
sq=160
```

为什么会得到这样的结果呢？分析宏调用语句，得知在宏代换之后改如下形式：

```
sq=160/(a+1)*(a+1);
```

"a"为"3"时，由于"/"和"*"运算符优先级和结合性相同，则首先做"160/(3+1)"得"40"，再做"40*(3+1)"最后得"160"。为了得到正确答案，应在宏定义中的整个字符串外加括号，程序修改如例 14.8 所示。

【例 14.8】

```
#define SQ(y) ((y)*(y))
void main(void)
{
    int a,sq ;
    printf("input a number:     ");
    scanf("%d",&a);
    sq=160/SQ(a+1);
    printf("sq=%d\n",sq);
}
```

说明：

以上讨论说明，对于宏定义不仅应在参数两侧加括号，也应在整个字符串外加括号。

带参的宏和带参函数很相似，但有本质上的不同，除前面已经讲到的各点区别外，同一表达式用函数处理与用宏处理两者的结果有可能是不同的。

【例 14.9】

```
void main(void)
{
    int i=1 ;
    while(i<=5)
    printf("%d\n",SQ(i++));
}
SQ(int y)
{
    return((y)*(y));
}
```

【例 14.10】

```
#define SQ(y) ((y)*(y))
void main(void)
{
    int i=1 ;
    while(i<=5)
    printf("%d\n",SQ(i++));
}
```

说明：

在例 14.9 中函数名为"SQ"，形参为"y"，函数体表达式为"((y)*(y))"。在例 14.10 中宏名为"SQ"，形参也为"y"，字符串表达式为"(y)*(y))"。例 14.9 的函数调用为"SQ(i++)"，例 14.10 的宏调用为"SQ(i++)"，实参也是相同的。从输出结果来看却大不相同。

分析如下：

在例 14.9 中，函数调用首先把实参"i"值传给形参"y"后自增 1，然后输出函数值。因此要循环 5 次，输出 1～5 的平方值。而在例 14.10 中宏调用时，只做代换，"SQ(i++)"被代换为"((i++)*(i++))"。在第一次循环时，由于"i"等于 1，其计算过程为：表达式中"i"的初值为"1"，两个 i 相乘的结果仍为 1，然后"i"自增"2"变为 3。在第二次循环时，"i"值已有初值为"3"，两个 i 相乘的结果为 9，然后"i"再自增 2 变为 5。进入第三次循环，由于"i"值已为 5，所以这将是最后一次循环。计算表达式的值为"5*5"等于 25。"i"值再自增 1 变为 7，不再满足循环条件，停止循环。

从以上分析可以看出函数调用和宏调用两者在形式上相似，在本质上是完全不同的。

宏定义也可用来定义多个语句，在宏调用时，把这些语句又代换到源程序内。

【例 14.11】

```
#define SSSV(s1,s2,s3,v) s1=l*w;s2=l*h;s3=w*h;v=w*l*h;
void main(void)
{
    int l=3,w=4,h=5,sa,sb,sc,vv ;
    SSSV(sa,sb,sc,vv);
    printf("sa=%d\nsb=%d\nsc=%d\nvv=%d\n",sa,sb,sc,vv);
}
```

说明：

程序第一行为宏定义，用宏名"SSSV"表示四个赋值语句，四个形参分别为四个赋值符左部的变量。在宏调用时，把四个语句展开并用实参代替形参。使计算结果送入实参之中。

14.3 文件包含

文件包含是 C 语言预处理程序的另一个重要功能。

文件包含命令行的一般形式如下：

```
#include"文件名"
```

在本书前面已多次用此命令以包含库函数的头文件。例如：

```
#include"stdio.h"
#include"math.h"
```

文件包含命令的功能是把指定的文件插入该命令行位置取代该命令行，从而把指定的文件和当前的源程序文件连成一个源文件。

在程序设计中，文件包含是很有用的。一个大的程序可以分为多个模块，由多个程序员分别编程。有些公用的符号常量或宏定义等可单独组成一个文件，在其他文件的开头用包含命令包含该文件即可使用。这样，可避免在每个文件开头都去书写那些公用量，从而节省时间，并减少出错。

对于文件包含命令还要说明以下几点：

1）包含命令中的文件名可以用双引号括起来，也可以用尖括号括起来。例如，以下两种写法都是允许的。

```
#include"stdio.h"
#include<math.h>
```

2）使用尖括号表示在包含文件目录中去查找（包含目录是由用户在设置环境时设置的），而不在源文件目录去查找。

3）使用双引号则表示首先在当前的源文件目录中查找，若未找到才到包含目录中去查找。

用户编程时可根据自己文件所在的目录来选择某一种命令形式。

一个 include 命令只能指定一个被包含文件，若有多个文件要包含，则需用多个 include 命令。

文件包含允许嵌套，即在一个被包含的文件中又可以包含另一个文件。

14.4 条件编译

预处理程序提供了条件编译的功能，可以按不同的条件去编译不同的程序部分，因此产生不同的目标代码文件。这对于程序的移植和调试是很有用的。

条件编译有三种形式，分别介绍如下。

1）第一种形式。

```
#ifdef   标识符
   程序段 1
#else
   程序段 2
#endif
```

它的功能是，如果标识符已被"#define"命令定义过，则对"程序段 1"进行编译；否则对"程序段 2"进行编译。如果没有"程序段 2"（它为空），本格式中的#else 可以没有，即可以写为如下形式：

```
#ifdef  标识符
程序段
#endif
```

【例 14.12】　条件编译实例 1。

```
#define NUM ok
void main(void)
{
    struct stu
    {
        int num ;
        char*name ;
        char sex ;
        float score ;
    }
    *ps ;
    ps=(struct stu*)malloc(sizeof(struct stu));
    ps->num=102 ;
    ps->name="Zhang ping" ;
    ps->sex='M' ;
    ps->score=62.5 ;
    #ifdef NUM
    printf("Number=%d\nScore=%f\n",ps->num,ps->score);
    #else
    printf("Name=%s\nSex=%c\n",ps->name,ps->sex);
    #endif
    free(ps);
}
```

说明：

由于在程序的第十六行插入了条件编译预处理命令，因此要根据 NUM 是否被定义过来决定编译哪一个 printf 语句。而在程序的第一行已对"NUM"做过宏定义，因此应对第一个 printf 语句进行编译，运行结果是输出学号和成绩。

在程序的第一行宏定义中，定义"NUM"表示字符串"OK"，其实也可以为任何字符串，甚至不给出任何字符串，写为：

```
#define NUM
```

也具有同样的意义。只有取消程序的第一行才会编译第二个 printf 语句。读者可上机实验。

2）第二种形式。

```
#ifndef 标识符
程序段 1
```

```
#else
程序段 2
#endif
```

与第一种形式的区别是将"ifdef"改为"ifndef"。它的功能是，如果标识符未被"#define"命令定义过则对"程序段 1"进行编译，否则对"程序段 2"进行编译。这与第一种形式的功能正相反。

在嵌入式 C 语言中，自定义头文件如下：

```
开头：#ifndef delay_h      //如果 delay_h 没有定义则定义 delay_h，如果定义了，就 endif 结束。
                          //不再定义
#define delay_h
…
结尾：#endif
```

3）第三种形式。

```
#if 常量表达式
程序段 1
#else
程序段 2
#endif
```

它的功能是，如果常量表达式的值为"真"（非 0），则对"程序段 1"进行编译，否则对"程序段 2"进行编译。因此，可以使程序在不同条件下完成不同的功能。

【例 14.13】 条件编译实例 2。

```
#define R 1
void main(void)
{
    float c,r,s ;
    printf("input a number:   ");
    scanf("%f",&c);
    #if R
    r=3.14159*c*c ;
    printf("area of round is: %f\n",r);
    #else
    s=c*c ;
    printf("area of square is: %f\n",s);
    #endif
}
```

【例 14.14】 条件编译实例 3。

```
#if GET_CODE32
unsigned long IrGetAllCode(void)                        //返回遥控码
{
```

```
            Irok=0;
            return(Irbuf);
      }
      #endif
```

说明：

例 14.3 中采用了第三种形式的条件编译。在程序第一行宏定义中，定义"R"为 1，因此在条件编译时，常量表达式的值为真，从而计算并输出圆面积。

上面介绍的条件编译当然也可以用条件语句来实现。但是用条件语句将会对整个源程序进行编译，生成的目标代码程序很长，而采用条件编译，则根据条件只编译其中的"程序段 1"或"程序段 2"，生成的目标程序较短。如果条件选择的程序段很长，采用条件编译的方法是十分必要的。

14.5　预处理命令总结

1）预处理功能是 C 语言特有的功能，它是在对源程序正式编译前由预处理程序完成的。程序员在程序中用预处理命令来调用这些功能。

2）宏定义是指用一个标识符来表示一个字符串，这个字符串可以是常量、变量或表达式。在宏调用中将用该字符串代换宏名。

3）宏定义可以带有参数，宏调用时以实参代换形参，而不是"值传送"。

4）为了避免宏代换时发生错误，宏定义中的字符串应加括号，字符串中出现的形式参数两边也应加括号。

5）文件包含是预处理的一个重要功能，它可用来把多个源文件连接成一个源文件进行编译，结果将生成一个目标文件。

6）条件编译允许只编译源程序中满足条件的程序段，使生成的目标程序较短，从而减少了内存的开销，并提高了程序的效率。

7）使用预处理功能便于程序的修改、阅读、移植和调试，也便于实现模块化程序设计。

第 15 章

算法和类型定义符

15.1 算法

15.1.1 程序的灵魂——算法

一个程序包括以下两方面内容。

1）对数据的描述：在程序中要指定数据的类型和数据的组织形式，即数据结构（data structure）。

2）对操作的描述：即操作步骤，也就是算法（algorithm）。

算法是指为解决一个问题而采取的方法和步骤。

算法=过程+运算方法。

15.1.2 算法分类

算法分为数值算法和非数值算法。

15.1.3 算法的特性

算法的特性有以下几点。

1）有穷性：一个算法应包含有限的操作步骤，而不能是无限的。

2）确定性：算法中每一个步骤都应当是确定的，而不应当是含糊不清、模棱两可的。

3）有零个或多个输入：所谓输入是指在执行算法时需要从外界取得必要的信息。

4）有一个或多个输出：算法的目的是为了求解，"解"就是输出。

5）有效性：算法中每一个步骤都应当能有效地执行，并得到确定的结果。

15.1.4 算法形式

1. 硬件算法

例如，路由器上的 AES 加密算法可以通过硬件来进行运算，当然也可以通过软件模拟运算。

硬件算法：路由器上有专门的 AES 硬件加密控制器，只要把数据输入到硬件加密控制器上（寄存器），就可以返回已经加密好的数据。

软件算法：路由器须由软件根据 AES 的数据结构编写程序实现软件加密过程。

如果是比较复杂的算法，以及要求含有高速运算，则需要用 FPGA 或 DSP 的软、硬件算法结合方式进行处理。

2．软件算法结构

软件算法结构包括以下几种结构。

1）顺序结构；

2）选择结构；

3）循环结构。

15.2　结构化程序设计方法

一个结构化程序就是用高级语言表示的结构化算法。

结构化程序设计强调程序设计风格和程序结构的规范化，提倡清晰的结构。

具体来说，可以采用以下方法来保证得到结构化的程序：

1）自顶向下；

2）逐步细化；

3）模块化设计；

4）结构化编码。

15.3　类型定义符 typedef

C 语言不仅提供了丰富的数据类型，而且还允许由用户自己定义类型说明符，也就是说允许由用户为数据类型取"别名"。类型定义符 typedef 即可用来完成此功能。例如，有整型量 a、b，其说明如下：

```
int a,b;
```

其中，int 是整型变量的类型说明符。int 的完整写法为 integer，为了增加程序的可读性，可把整型说明符用 typedef 定义为如下形式：

```
typedef int INTEGER
```

此后的程序就可用 INTEGER 来代替 int 作为整型变量的类型说明了。

例如：

```
INTEGER a,b;
```

它等效于：

```
int a,b;
```

用 typedef 定义数组、指针、结构等类型将带来很大的方便，不仅使程序书写简单，而且使意义更为明确，因此增强了可读性。

例如：

```
typedef char NAME[20];
```

表示 NAME 是字符数组类型，数组长度为 20。然后可用 NAME 说明变量，例如：

```
NAME a1,a2,s1,s2;
```

完全等效于：

```
char a1[20],a2[20],s1[20],s2[20]
```

又如：

```
typedef struct stu
{
    char name[20];
    int age ;
    char sex ;
}STU ;
```

定义 STU 表示 stu 的结构类型，此后可用 STU 来说明结构变量：

```
STU body1,body2;
```

typedef 定义的一般形式如下：

```
typedef 原类型名   新类型名
```

其中，"原类型名"中含有定义部分，"新类型名"一般用大写表示，以便区别。

有时，也可用宏定义来代替 typedef 的功能，但是宏定义是由预处理完成的，而 typedef 则是在编译时完成的，后者更为灵活方便。

15.4 算法和类型定义符总结

1）算法就是为解决某一特定问题而采取的具体有限的操作步骤。具有有穷性、确定性、可行性、零个或多个输入及一个或多个输出的特性。

2）编程时为了使程序书写简单而且使意义更为明确、增强可读性，在程序中引入了类型定义符。

15.5 常用的 10 种算法实例

15.5.1 冒泡排序算法

本例采用冒泡排序算法，将 uchar niu[8]={1,28,8,4,100,79,89,11}使用两个 for 循环嵌

套，采用冒泡法进行排序。

```
/*************************源程序*****************************/
#include <stdio.h>                    // 头文件包含

#define N 10                          // 定义一个常量

void maopao(int a[N]);                // 函数声明

/*******************************************************************
**** 函数名: main()
**** 形 参: 无
**** 功 能: 冒泡排序（升序排列）
**** 说 明: 随机输入 N 个整数，实现数字升序排列
*******************************************************************/
void main()
{
    int a[N],i;

    printf("请输入%d 个整型数字:\n",N);
    for(i=0;i<N;i++)
        scanf("%d",&a[i]);            // 循环为数组元素赋值
    getchar();

    printf("原数组元素排列:\n");
    for(i=0;i<N;i++)                  // 循环输出数组元素
        printf("%d\t",a[i]);
    maopao(a);                        // 函数调用
    printf("\n");
    printf("数组元素排序后排列:\n");
    for(i=0;i<N;i++)
        printf("%d\t",a[i]);
    printf("\n");
}

/*******************************************************************
***** 函数名: maopao(int a[N])
***** 功    能: 将一组数字升序排列
***** 参    数: int a[10]
***** 返回值: 无
***** 创建者: 深圳信盈达电子有限公司
***** 创建时间: 2013-08-08
*******************************************************************/
void maopao(int a[N])
{
    int i,j,t;
    for(i=0;i<N;i++)                  // 外循环控制排序循环次数
```

```
            for(j=i+1;j<N;j++)                  // 内循环控制每次循环比较的次数
            {
                if(a[i]>a[j])                   // 两个元素比较，逆序则交换
                {
                    t=a[i];
                    a[i]=a[j];
                    a[j]=t;
                }
            }
        }
    }
/*****************************************END*****************************************/
```

▶ 15.5.2　回文算法

本例采用回文算法，检测字符串是否是回文（abcba）。如果是则返回（显示）"OK"；如果不是则返回（显示）"ERROR"。

```
/*********************************源程序*********************************/
#include <stdio.h>                      // 头文件包含
#include <string.h>                     // 头文件包含

#define N 100                           // 定义一个常量

int huiwen(char a[N]);                  // 函数声明

/*********************************************************************
**** 函数名：main()
**** 形 参：无
**** 功 能：判断一个字符串是否是回文
**** 说 明：输入一个字符串，判断是否是回文，是则输出 OK，不是则输出 ERROR
*********************************************************************/
void main()
{
    char s[N],i;
    printf("请输入一个字符串：\n");
        scanf("%s",s);
    getchar();
    printf("\n");
    printf("验证:");
    i=huiwen(s);
    if(i==1)
        printf("OK\n");
    else
        printf("ERROR\n");
}
```

```
/******************************************************************
*****  函数名：huiwen(char a[100])
*****  功    能：判断字符串是否是回文
*****  参    数：char a[100]
*****  返回值：0：不是回文，1：是回文
*****  创建者：深圳信盈达电子有限公司
*****  创建时间：2013-08-09
******************************************************************/
int huiwen(char a[N])
{
    int m,i;
    m=strlen(a);                    //strlen()库函数，计算字符串的长度，到'\0'结束
    for(i=0;i<m/2;i++)
        if(a[i]!=a[m-1-i])          //第 i 位和倒数第 i 位（m-1-i）做比较
            return 0;
    return 1;
}
/***************************END***********************************/
```

15.5.3　幂运算

本例进行幂运算，输出 1×2×3×4×5×···×N 的结果。

```
/*****************************源程序*****************************/
#include <stdio.h>                      // 头文件包含

int take(int N);                        // 函数声明


/******************************************************************
****  函数名：main()
****  形 参：无
****  功 能：计算 1×2×3×...×N 的值
****  说 明：输入一个正整数 N，输出 1×2×3×···×N 的结果
******************************************************************/
void main()
{
    int n,t;
    printf("请输入 N 的值:\n");
    scanf("%d",&n);
    t=take(n);                          // 函数调用
    printf("1*2*3...*%d=%d\n",n,t);

}


/******************************************************************
*****  函数名：take(int N)
```

```
***** 功    能：计算 1×2×3×4×···×N 的乘积
***** 参    数：int N
***** 返回值：take
***** 创建者：深圳信盈达电子有限公司
***** 创建时间：2013-08-09
*****************************************************************/
int take(int N)
{
    int i,take=1;
    for(i=1;i<=N;i++)
        take*=i;
    return take;
}
/********************************END*****************************/
```

15.5.4　加法运算

本例进行加法运算，输出 1+2+3+4+5+···+N 的结果。

```
/********************************源程序*************************************/
#include <stdio.h>                    // 头文件包含

int sum(int N);                       // 函数声明

/****************************************************************
**** 函数名：main()
**** 形 参：无
**** 功 能：计算 1+2+3+···+N 的结果
**** 说 明：输入一个正整数 N，输出 1+2+3+···+N 的结果
*****************************************************************/
void main()
{
    int n,s;
    printf("请输入 N 的值:\n");
    scanf("%d",&n);
    s=sum(n);                         // 函数调用
    printf("1+2+3+....%d=%d\n",n,s);
}

/****************************************************************
***** 函数名：sum(int N)
***** 功    能：计算 1+2+3+4+···+N 的结果
***** 参    数：int N
***** 返回值：sum
***** 创建者：深圳信盈达电子有限公司
***** 创建时间：2013-08-09
```

```
*****************************************************************************/
int sum(int N)
{
    int i,sum=0;
    for(i=1;i<=N;i++)
            sum+=i;
    return sum;
}
/*******************************END*****************************************/
```

15.5.5　求直角三角形边长

本例求直角三角边长，假设斜边长度 L 已知，求直角边 X、Y（提示：用正弦函数、余弦函数）。

```
/*********************************源程序***************************************/
#include <stdio.h>                    // 头文件包含
#include <math.h>                     // 头文件包含

#define P 3.1415926                   //定义常量

/**********************************************************************
**** 函数名：main()
**** 形  参：无
**** 功  能：根据直角三角形斜边 L，求出直角边 X、Y
**** 说  明：输入斜边 L、斜角 t，输出直角边 X、Y
*****************************************************************************/
void main()
{
    double X,Y,L,t;
    printf("请输入斜边长 L:\n");
    scanf("%lf",&L);
    printf("请输入斜角 T:\n");
    scanf("%lf",&t);
    X=L*sin(t*P/180);                 //调用正弦函数计算 X 的值
    Y=L*cos(t*P/180);                 //调用余弦函数计算 Y 的值
    printf("X=%4.2f,Y=%4.2f\n",X,Y);
}
/*******************************END*****************************************/
```

15.5.6　在排序号的数组中插入元素

本例有一个已经排好序的数组，现输入一个数，要求按原来的规律将它插入到数组中。

```
/**********************************源程序**********************************/
#include <stdio.h>                        // 头文件包含

/***********************************************************************
**** 函数名：main()
**** 形 参：无
**** 功 能：向升序排列的数组插入元素
**** 说 明：输入变量 X，将 X 插入已知数组中，输出数组
***********************************************************************/
void main()
{
    int a[10]={1,3,5,7,9,12};             // 假设该数组是升序排列
    int i,n,X;                            //n 是元素要插入的位置

    printf("原数组为：\n");
    for(i=0;i<6;i++)
        printf("%-5d",a[i]);              // 输出数组
    printf("\n 请输入要插入的元素：\n");
    scanf("%d",&X);
    for(n=0;n<6;n++)                      //查询 n 的位置
        if(X<a[n])
            break;
    for(i=9;i>n;i--)
        a[i]=a[i-1];                      //将 n 之后的元素都向后移一位
    a[n]=X;                               //将 X 插入数组
    printf("插入后数组为：\n");
    for(i=0;i<7;i++)
        printf("%-5d",a[i]);
    printf("\n");
}
/**********************************END**********************************/
```

▶ 15.5.7 字符串的拼接

本例把两个字符串进行拼接，如将"abcd"和"123"拼接为"abcd123"。

```
/**********************************源程序**********************************/
#include <stdio.h>                        // 头文件包含
#include <string.h>                       // 头文件包含

void pinjie(char s1[100],char s2[20]);    // 函数声明

/***********************************************************************
**** 函数名：main()
**** 形 参：无
**** 功 能：将两个字符串拼接在一起
```

```
**** 说 明：输入字符串 s1、s2，将 s2 拼接在 s1 后，并输出 s1
*********************************************************************/
void main()
{
    char s1[100],s2[20];
    printf("请输入字符串 1：\n");
    scanf("%s",s1);
    printf("\n");
    printf("请输入字符串 2：\n");
    scanf("%s",s2);
    printf("\n");
    pinjie(s1,s2);
    printf("输出字符串 1：\n");
    printf("%s\n",s1);
}


/*********************************************************************
***** 函数名：pinjie(char s1[100],char s2[20])
***** 功    能：将两个字符串拼接在一起
***** 参    数：char s1[100]，char s2[20]
***** 返回值：无
***** 创建者：深圳信盈达电子有限公司
***** 创建时间：2013-08-09
*********************************************************************/
void pinjie(char s1[100],char s2[20])
{
    char *p1,*p2;
    int i;
    p1=s1;
    p2=s2;
    for(i=0;i<strlen(s1);i++)
        p1++;                          //p1 循环指向数组下一个字符，直到指向结束符'\0'
    for(i=0;i<strlen(s2);i++)
        *(p1++)=*(p2++);               //循环将 p2 指向的字符赋给 p1 指向的地址中
    *p1='\0';                          //再重新赋给字符串 s1 一个结束符
}
/*****************************END******************************************/
```

15.5.8　闰年判断

本例编写一个判断闰年的程序。

```
/*****************************源程序******************************/
#include <stdio.h>                     // 头文件包含
#include <string.h>                    // 头文件包含
```

```
        void pinjie(char s1[100],char s2[20]);          // 函数声明


/****************************************************************************
****  函数名：main()
****  形  参：无
****  功  能：闰年判断
****  说  明：输入年份变量 year，判断是否为闰年
 ****************************************************************************/
void main()
{
    int i=0,year;
    printf("请输入年份：\n");
    scanf("%d",&year);
    if((year%4==0 && year%100!=0)||year%400==0)         //判断是否为闰年的条件
            i=1;
    if(i==1)
        printf("%d 年是闰年.\n",year);
    else
        printf("%d 年不是闰年.\n",year);
}
/********************************END*****************************************/
```

15.5.9　字符串查询

　　本例在一个现有字符串中查找另一个字符串，如果找到则返回匹配子字符的指针；如果没有找到则返回空指针。

```
/*********************************源程序*************************************/
#include <stdio.h>                          // 头文件包含
#include <string.h>                         // 头文件包含

int seach(char s1[100],char s2[20]);        // 函数声明


/****************************************************************************
****  函数名：main()
****  形  参：无
****  功  能：查询一个字符串是否包含另一个字符串
****  说  明：输入两个字符串，判断字符串是否包含字符串
 ****************************************************************************/
void main()
{
    char s1[100],s2[20];
    int i;
    printf("请输入字符串：\n");
    scanf("%s",&s1);
    printf("\n");
```

```
        printf("请输入字符串：\n");
        scanf("%s",&s2);
        i=seach(s1,s2);
        if(i==1)
              printf("字符串包含字符串。\n");
        else
              printf("字符串不包含字符串。\n");
}


/*****************************************************************
*****  函数名：seach(char s1[100],char s2[20])
*****  功    能：字符串查询，查询 s1 是否包含 s2
*****  参    数：char s1[100],char s2[20]
*****  返回值：包含或不包含
*****  创建者：深圳信盈达电子有限公司
*****  创建时间：2013-08-09
*****************************************************************/
int seach(char s1[100],char s2[20])
{
    char *p1,*p2;
    p1=s1;
    p2=s2;
    for(;*(p1+strlen(s2)-1);p1++)                 //当*(p1+strlen(s2)-1)指向结束符时就不再循环
    {
        for(p2=s2;*p1==*p2;p1++,p2++);            //比较*p1 和*p2，字符相同就继续循环
        if(!(*p2))                                //当*p2 指向结束符时就说明 s1 有符合条件的字符串
            return 1;
    }
    return 0;
}
/********************************END********************************/
```

▶ 15.5.10　输出三位水仙花数

本例打印出所有的"水仙花数"。所谓"水仙花数"是指一个三位数，其各位数字立方和等于该数本身。例如，153 是一个"水仙花数"，因为 $153=1^3+5^3+3^3$。

```
/******************************源程序******************************/
#include <stdio.h>                          // 头文件包含


/****************************************************************
****  函数名：main()
****  形 参：无
****  功 能：输出三位"水仙花数"
****  说 明：输出三位"水仙花数"
****************************************************************/
```

```
        void main()
        {
            int a,b,c,i;
            printf("3 位"水仙花数"有： \n");
            for(i=100;i<=999;i++)              //因为是三位水仙花数，所以起取值范围是 100N999
            {
                a=i/100;                        //将个位、十位、百位上的数字分离
                b=i%100/10;
                c=i%10;
                if(a*100+b*10+c==a*a*a+b*b*b+c*c*c)      //判断是否为"水仙花数"
                    printf("%d\n",i);
            }
        }
/**********************************END**********************************/
```

15.5.11　计算某个日期对应该年的第几天

本例计算某个日期对应该年的第几天。

```
#include <stdio.h>
int day_of_year(int year,int month,int day);


/********************************************************************
**** 函数名：main()
**** 形 参：无
**** 功 能：输入年、月、日，输出对应该年的第几天
********************************************************************/
int main()
{
    int year, month, day, n;
    printf("请输入年月日： ");
    scanf("%d%d%d", &year, &month, &day);
    n = day_of_year(year, month, day);
    printf("是第%d 天\n", n);
    return 0;
}

int day_of_year(int year,int month,int day)
{
    int k,leap;
    int tab[2][13]=
    {
        {0,31,28,31,30,31,30,31,31,30,31,30,31},
        {0,31,29,31,30,31,30,31,31,30,31,30,31}
    };
```

```
        leap=(year%4==0&&year%100!=0||year%400==0);

        for(k=1;k<month;k++) // 2012 8 8 31+29+31+30+8
            day=day+tab[leap][k];

        return day;
    }
/*******************************END*******************************/
```

▶ 15.5.12　输出月份对应的英文名称

本例输出月份所对应的英文名称。

```
#include<stdio.h>
/******************************************************************
**** 函数名：main()
**** 形 参：无
**** 功 能：输出月份所对应的英文名称
*******************************************************************/
int main(void)
{
    char *a[12]={"January","February","Marth","April",
                    "May","June","July","August",
                    "September","October","November","December"};
    int month;

    while(1)
    {
        printf("Enter month:");
        scanf("%d",&month);
        if(month>=1&&month<=12)
            printf("%d 月份的英文名称是%s\n",month,a[month-1]);
        else
            break;
    }

    return 0;
}
/*******************************END*******************************/
```

第
15
章

第16章

五子棋人机智能对战

16.1 五子棋人机智能对战界面

本章用一个五子棋人智能对战程序,讲解如何编写五子棋程序。五子棋人机智能对战软件界面如图 16.1 所示。

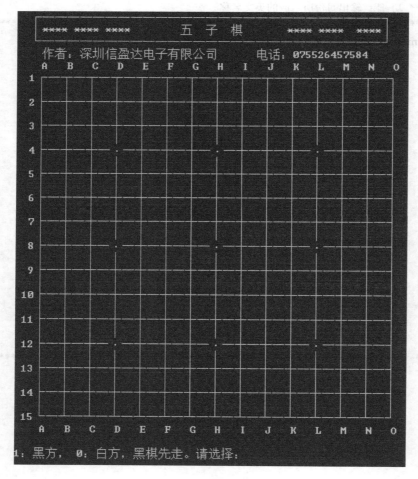

图 16.1 五子棋人机智能对战软件界面

16.2　五子棋人机智能对战软件说明

　　该程序在 Microsoft Visual C++ 6.0 软件上运行。首先由用户选择黑方还是白方，其次输入落子坐标（不分大小写字符及先后顺序），如 8i，然后由计算机走一步。

16.3　五子棋人机智能对战程序

```
/********************************************************
*公司名称：　　深圳信盈达电子有限公司
*功　　能：　　五子棋人机智能对战
********************************************************/
#include "datastruct.h"
#include <stdio.h>
#include <stdlib.h>
#include <windows.h>
#include <string>
#include <time.h>
#include <iostream>


/**************************************************************
**** 函数名：main()
**** 功　能：主程序五子棋人机智能对战
**************************************************************/
void main()
{
    ShowChess();
    do{
        fflush(stdin);
        printf("\n1：黑方，　0：白方，黑棋先走。请选择：");
        scanf("%d",&b);
    }while(b != 1 && b != 0);

    m_btyple = (bool)b;
    Cpoint m_Cpt;
    while(1)
    {
        if(m_btyple)
        {
            m_Cpt = renstep();                    //轮流落子
            obv.push_back(m_Cpt);                 //把人走棋的每一步保存到容器中
            strcpy(chess0[m_Cpt.y][m_Cpt.x], typle[b]); //把人走棋的每一步保存到棋盘

        }
        else
        {
```

```
            m_Cpt = cpustep();
            obv.push_back(m_Cpt);               //把计算机走棋的每一步保存到容器
            strcpy(chess0[m_Cpt.y][m_Cpt.x], typle[!b]);  //把计算机走棋的每一步保存到棋盘
        }
        //如果输入 r 则重新开始
        if(m_Cpt.x == -1)
        {
            if(replay())       //询问是否重新开局，如果是则重新开局，否则退出程序
                continue;
            else
                break;
        }

        ShowChess();                           //每走一步刷新一次棋盘

        if(obv.size() >= 9 && check(m_Cpt))    //判断是否赢棋
        {
            if(m_btyple)
                printf("\n 恭喜你，你终于赢了一盘！ ");
            else
                printf("\n 很遗憾，你死了！ ");
            if(!replay())        //询问是否重新开局，如果是则重新开局，否则退出程序
                break;
        }
        else
        {
            if(m_Cpt.x < xmin)
                xmin = m_Cpt.x;
            if(m_Cpt.x > xmax)
                xmax = m_Cpt.x;
            if(m_Cpt.y > ymax)
                ymax = m_Cpt.y;
            if(m_Cpt.y < ymin)
                ymin = m_Cpt.y;
            m_btyple = !m_btyple;   //如果没有赢则修改其值，重新循环，换为由另一方走
        }
    }
    system("pause");
}


/*****************************************************************
**** 函数名：ShowChess()
**** 功　能：显示棋盘
**** 说　明：
*****************************************************************/
#include <windows.h>
```

```c
#include <stdio.h>
#include <conio.h>
#include "datastruct.h"

void ShowChess()
{
    system("cls");
    printf("  ┌──────────────────────────────────────────┐ \r\n");
    printf("  | **** **** ****         五  子  棋         **** **** **** | \r\n");
    printf("  └──────────────────────────────────────────┘ \r\n");
    printf("          作者：深圳信盈达电子有限公司        电话：075526457584      \r\n");
    printf("      A   B   C   D   E   F   G   H   I   J   K   L   M   N   O");
    for(int i = 0; i < 14; i++)
    {
        printf("\r\n%3d",i + 1);
        for(int j = 0; j < 14;j++)
            printf("%s—",chess0[i][j]);
        printf("%s",chess0[i][j]);
        printf("\r\n   ");
        for(j = 0; j < 15;j++)
            printf(" │  ");
    }
    printf("\r\n 15");
    for(int j = 0; j < 14;j++)
            printf("%s—",chess0[i][j]);
        printf("%s",chess0[i][j]);
    printf("\n ");
    for(j = 0; j < 15;j++)
    {
        printf("%4c",'A' + j);
    }
    printf("\n ");
//  for(j = 0; j < 15;j++)
//  {
//      printf("%4d",j);
//  }
}



/*************************************************************
**** 函数名：renstep()
**** 功  能：人走程序
*************************************************************/
#include <iostream>
using namespace std;
#include <stdio.h>
```

```
#include <string>
#include <vector>
#include "datastruct.h"

Cpoint   renstep()
{
    Cpoint m_Cpt;
    while(1)
    {
        printf("\nx：悔棋，r：重新开局，0：退出。");
        if(obv.size() != 0)
            printf("计算机刚才落子坐标：%c%d", obv.back().x + 'A', obv.back().y + 1);
        printf("\n 您是%s 方，请输入落子坐标（不分大小写字符及先后顺序）：",typle[b]);
        char point[4];
        scanf("%s",point);

        if(strlen(point) == 2)
        {
            if(letter(point[0]) && (point[1] >= '1' && point[1] <= '9'))
            {
                m_Cpt.x = LABSMIN(point[0] - 'a', point[0] - 'A');
                m_Cpt.y = point[1] - '1';

                if(strcmp(chess0[m_Cpt.y][m_Cpt.x], chess1[m_Cpt.y][m_Cpt.x]) != 0)
                {
                    printf("\n 此处已有棋子，请下在别处！");
                }
                else
                    return m_Cpt;
            }
            else if(letter(point[1]) && point[0] >= '1' && point[0] <= '9')
            {
                m_Cpt.x = LABSMIN(point[1] - 'a', point[1] - 'A');
                m_Cpt.y = point[0] - '1';

                if(strcmp(chess0[m_Cpt.y][m_Cpt.x], chess1[m_Cpt.y][m_Cpt.x]) != 0)
                {
                    printf("\n 此处已有棋子，请下在别处！");
                }
                else
                    return m_Cpt;
            }
        }

        else if(strlen(point) == 3)
        {
```

```
            if(letter(point[0]))
            {
                    int y = (point[1] - '0')*10 + point[2] - '0';
                    if (y >= 1 && y <= 15)
                    {
                            m_Cpt.x = LABSMIN(point[0] - 'a', point[0] - 'A');
                            m_Cpt.y = y - 1;
                            if(strcmp(chess0[m_Cpt.y][m_Cpt.x], chess1[m_Cpt.y][m_Cpt.x]) != 0)
                            {
                                    printf("\n 此处已有棋子，请下在别处！ ");
                            }
                            else
                                    return m_Cpt;
                    }
            }
            else
            {
                    int y = (point[0] - '0')*10 + point[1] - '0';
                    if ((y >= 1 && y <= 15) && letter(point[2]))
                    {
                            m_Cpt.x = LABSMIN(point[2] - 'a', point[2] - 'A');
                            m_Cpt.y = y - 1;
                            if(strcmp(chess0[m_Cpt.y][m_Cpt.x], chess1[m_Cpt.y][m_Cpt.x]) != 0)
                            {
                                    printf("\n 此处已有棋子，请下在别处！ ");
                            }
                            else
                                    return m_Cpt;
                    }
            }
    }
    else if(strcmp(point,"0") == 0)
    {
            system("pause");
            exit(0);
    }
    else if(strcmp(point,"x") == 0)                //悔棋，必须一次悔两个棋子
    {
            if(obv.size() >= 2)
            {
                    int x = obv.back().x;
                    int y   =obv.back().y;
                    strcpy(chess0[y][x], chess1[y][x]);      //恢复悔棋之前的棋盘状态
                    obv.pop_back();       //悔一步棋之后，容器弹出一个坐标
                    x = obv.back().x;
                    y   =obv.back().y;
```

```
                                strcpy(chess0[y][x], chess1[y][x]);        //恢复悔棋之前的棋盘状态
                                obv.pop_back();        //悔一步棋之后，容器弹出一个坐标
                                ShowChess();
                            }
                            else
                                printf("\n 此时无法悔棋！");
                    }
                    else if(strcmp(point, "r") == 0)
                    {
                            m_Cpt.x = -1;
                            m_Cpt.y = -1;
                            return m_Cpt;
                    }
            }

            return m_Cpt;
    }


    /******************************************************************
    **** 函数名：cpustep()
    **** 功    能：计算机走棋的程序
    ***********************************************************************/
    #include "datastruct.h"
    Cpoint cpustep()
    {
            int i = 0, j = 0, x = 0, y = 0, score = 0;
            Cpoint m_Cpt;

            if(obv.size() == 0)
            {
                    m_Cpt.x = 7;
                    m_Cpt.y = 7;
                    return m_Cpt;
            }

            if(obv.size() > 4)
            {
                    // （1）如果计算机走的棋可连成 5 个，则立即将棋下在相应处取胜
                    if(check(obv[obv.size() - 2], 5, 4))
                    {
                            m_Cpt = obv1.back();
                            return m_Cpt;
                    }

                    // （2）如果人走的棋已连成 4 个，将要连成 5 个，则立即将棋下在相应处围堵
                    m_btyple = !m_btyple;
```

```
            for(int xx = obv.size() - 1; xx >= 4; xx = xx - 2 )
            {
                  if(check(obv[xx], 5, 4))
                  {
                        m_Cpt = obv1.back();
                        m_btyple = !m_btyple;
                        return m_Cpt;
                  }
            }
            m_btyple = !m_btyple;

//（3）如果计算机下的棋可连成活 4，则立即将棋下在相应处取胜
            for(xx = obv.size() - 1; xx >= 4; xx = xx - 2 )
            {
                  if(check(obv[xx - 1], 4, 3))
                  {
                        m_Cpt = obv1.back();
                        return m_Cpt;
                  }
            }

//（4）如果计算机下的棋可连成两个四，或一双三加一个四，则立即将棋下在相应处
//以下一步取胜
            for(xx = obv.size() - 1; xx >= 4; xx = xx - 2 )
            {
                  x = obv[xx - 1].x;
                  y = obv[xx - 1].y;
                  for(i = y - 4; i <=y + 4; i++)
                  {
                        for(j = x - 4; j <= x + 4; j++)
                        {
                              if(i >= 0 && i <= 14 && j >= 0 && j <= 14 && strcmp(chess0[i][j],
chess1[i][j]) == 0)
                              {
                                    m_Cpt.x = j;
                                    m_Cpt.y = i;
                                    int a = check(m_Cpt, 5, 4);
                                    int b = check(m_Cpt, 4, 3);
                                    if((a && b && a != b) || check(m_Cpt, 5, 4, 2))
                                          return m_Cpt;
                              }
                        }
                  }
            }

//（5）如果人下的棋即将连成活四，则立即将棋下在相应处围堵
```

```
m_btyple = !m_btyple;
for(xx = obv.size() - 1; xx >= 4; xx = xx - 2 )
{
    if(check(obv[xx], 4, 3))
    {
        int score = 0;
        int score1 = 0;
        for(int i = 0; i < obv1.size(); i++)
        {
            score1 = calc_score(obv1[i].y, obv1[i].x);
            if(score < score1)
            {
                score = score1;
                m_Cpt = obv1[i];
            }
        }
        m_btyple = !m_btyple;
        return m_Cpt;
    }
}

// （6）如果人下的棋可连成两个四，或一双三加一个四，则立即将棋下在相应处围堵
for(xx = obv.size() - 1; xx >= 4; xx = xx - 2 )
{
    x = obv[xx].x;
    y = obv[xx].y;
    for(i = y - 4; i <= y + 4; i++)
    {
        for(j = x - 4; j <= x + 4; j++)
        {
            if(i >= 0 && i <= 14 && j >= 0 && j <= 14 && strcmp(chess0[i][j],
chess1[i][j]) == 0)
            {
                m_Cpt.x = j;
                m_Cpt.y = i;
                int a = check(m_Cpt, 5, 4);
                lian = 2;
                int b = check(m_Cpt, 4, 3);
                if((a && b && a != b) || check(m_Cpt, 5, 4, 2))
                {
                    obv1.insert(obv1.end(), m_Cpt);
                    obv1.insert(obv1.end(), obv2.begin(), obv2.end());
                    int score = 0;
                    int score1 = 0;
                    for(int i = 0; i < obv1.size(); i++)
                    {
```

```
                                        score1 = calc_score(obv1[i].y, obv1[i].x);
                                        if(score < score1)
                                        {
                                              score = score1;
                                              m_Cpt = obv1[i];
                                        }
                                }
                                m_btyple = !m_btyple;
                                return m_Cpt;
                        }
                    }
                }
            }
        }
        m_btyple = !m_btyple;


// （7）如果计算机下的棋即将连成两个活三，则立即将棋下在相应处以下一步取胜
for(xx = obv.size() - 1; xx >= 4; xx = xx - 2 )
{
        x = obv[xx - 1].x;
        y = obv[xx - 1].y;
        for(i = y - 3; i <= y + 3; i++)
        {
                for(j = x - 3; j <= x + 3; j++)
                {
                        if(i >= 0 && i <= 14 && j >= 0 && j <= 14 && strcmp(chess0[i][j],
                        chess1[i][j]) == 0)
                        {
                                m_Cpt.x = j;
                                m_Cpt.y = i;
                                if(check(m_Cpt, 4, 3, 2))
                                        return m_Cpt;
                        }
                }
        }
}

// （8）如果人下的棋即将连成两个活三，则立即将棋下在相应处围堵
m_btyple = !m_btyple;
for(xx = obv.size() - 1; xx >= 4; xx = xx - 2 )
{
        x = obv[xx].x;
        y = obv[xx].y;
        for(i = y - 3; i <= y + 3; i++)
        {
```

```
                        for(j = x - 3; j <= x + 3; j++)
                        {
                                if(i >= 0 && i <= 14 && j >= 0 && j <= 14 && strcmp(chess0[i][j],
                                chess1[i][j]) == 0)
                                {
                                        m_Cpt.x = j;
                                        m_Cpt.y = i;
                                        if(check(m_Cpt, 4, 3, 2))
                                        {
                                                obv1.insert(obv1.end(), m_Cpt);
                                                obv1.insert(obv1.end(), obv2.begin(), obv2.end());
                                                int score = 0;
                                                int score1 = 0;
                                                for(int i = 0; i < obv1.size(); i++)
                                                {
                                                        score1 = calc_score(obv1[i].y, obv1[i].x);
                                                        if(score < score1)
                                                        {
                                                                score = score1;
                                                                m_Cpt = obv1[i];
                                                        }
                                                }
                                                m_btyple = !m_btyple;
                                                return m_Cpt;
                                        }
                                }
                        }
                }
        }
        m_btyple = !m_btyple;

        //（9）如果没有能够立即确定胜负的点，则通过计算各点分值选择落点坐标
        int i, j, score = 0;
        for(i = ymin - 2; i <= ymax + 2; i++)
        {
                for(j = xmin - 2; j <= xmax + 2; j++)
                {
                        //此处有子则跳过此点，进行下一次循环
                        if(i >= 0 && i <= 14 && j >= 0 && j <= 14 && strcmp(chess0[i][j], chess1[i][j])
                        == 0)
                        {
                                //计算相关范围的每个点的分数
                                int score1 = calc_score(i, j);
                                if(score < score1)
                                {
                                        score = score1;
```

```
                                    m_Cpt.x = j;
                                    m_Cpt.y = i;
                                }
                            }
                        }
                    }
            return m_Cpt;
        }


        //如果棋盘棋子不超过 4 个，则通过计算各点分值选择落点坐标
        for(i = ymin - 2; i <= ymax + 2; i++)
        {
            for(j = xmin - 2; j <= xmax + 2; j++)
            {
                //此处有子则跳过此点，进行下一次循环
                if(i >= 0 && i <= 14 && j >= 0 && j <= 14 && strcmp(chess0[i][j], chess1[i][j]) == 0)
                {
                    //计算相关范围的每个点的分数
                    int score1 = calc_score(i, j);
                    if(score < score1)
                    {
                        score = score1;
                        m_Cpt.x = j;
                        m_Cpt.y = i;
                    }
                }
            }
        }
        return m_Cpt;
    }




    /************************************************************
    ****　函数名：check(Cpoint m_Cpt, int n, int m, int count)
    ************************************************************/
    #include <string>
    #include "datastruct.h"

    int check(Cpoint m_Cpt, int n, int m, int count)    //在同一直线的连续 n 个位置内寻找出 m 个同
                                                        //一方的棋子，且这 n 个位置内不能有另一方的
                                                        //棋子

    {
        int count1 = 0;        //可满足要求的个数
        // (1) 横向判断
        //x 表示纵坐标（行），y 表示横坐标（列）
```

第16章

```
obv1.clear();
int x = m_Cpt.x, y = m_Cpt.y;
for(x = (m_Cpt.x - n + 1 > 0 ? m_Cpt.x - n + 1 : 0); x <= m_Cpt.x; x++)
{
    int mx = 0;
    for(int i = 0; i < n && x + i <= 14; i++)
    {
        if(strcmp(chess0[y][x + i],typle[(m_btyple && !b) || (!m_btyple && b)]) == 0)
        //该点有敌方的子
            break;
        else if(strcmp(chess0[y][x + i],typle[(m_btyple && b) || (!m_btyple && !b)]) == 0 || x
            + i == m_Cpt.x)                //该点有己方的子
            mx++;
        else
        {
            Cpoint m_Cpt1(x + i,y);
            obv1.push_back(m_Cpt1);
        }
    }
    if((i == n && mx == m && n == 5))
    {
        count1 ++;
        if(count1 == count)
        {
            if(lian == 1 && count != 2)
            {
                obv2.clear();
                obv2 = obv1;
            }
            return 1;
        }
        else
        {
            obv2.clear();
            obv2 = obv1;
            break;
        }
    }
    else if(i == n && mx == 3 && n == 4 && x - 1 >= 0 && x + 4 <= 14 &&
        strcmp(chess0[y][x - 1],chess1[y][x - 1]) == 0 &&
        strcmp(chess0[y][x + 4],chess1[y][x + 4]) == 0)
    {
        if(m_btyple)                //判断人能否成活四
        {
            if(obv1.back().x == x + 1 || obv1.back().x == x + 2)
            {
```

```
                Cpoint m_Cpt1(x - 1,y);
                obv1.push_back(m_Cpt1);
                m_Cpt1.x = x + 4;
                m_Cpt1.y = y;
                obv1.push_back(m_Cpt1);
        }
        else
        {
                Cpoint m_Cpt1 = obv1.back();
                if(m_Cpt1.x == x)
                {
                        Cpoint m_Cpt1(x + 4,y);
                        obv1.push_back(m_Cpt1);
                        if(x + 5 > 14 || strcmp(chess0[y][x + 5],
                                typle[(m_btyple && !b) || (!m_btyple && b)]) == 0)
                        {
                                m_Cpt1.x = x - 1;
                                m_Cpt1.y = y;
                                obv1.push_back(m_Cpt1);
                        }
                }
                else
                {
                        Cpoint m_Cpt1(x - 1,y);
                        obv1.push_back(m_Cpt1);
                        if(x - 2 < 0 || strcmp(chess0[y][x - 2],
                                typle[(m_btyple && !b) || (!m_btyple && b)]) == 0)
                        {
                                m_Cpt1.x = x + 4;
                                m_Cpt1.y = y;
                                obv1.push_back(m_Cpt1);
                        }
                }
        }
        count1 ++;
        if(count1 == count)
        {
                if(lian == 1 && count != 2)
                {
                        obv2.clear();
                        obv2 = obv1;
                }
                else lian = 1;
                return 1;
        }
        else
```

```
                    {
                        obv2.clear();
                        obv2 = obv1;
                        break;
                    }
                }
                else  //判断计算机下棋个数
                {
                    count1 ++;
                    if(count1 == count)
                        return 1;
                    break;
                }
            }
            else if(i < n && x + i > 14)
            {
                obv1.clear();
                break;
            }
            else
                obv1.clear();
        }


// （2）纵向判断
//x 表示纵坐标（行），y 表示横坐标（列）
obv1.clear();
x = m_Cpt.x;
y = m_Cpt.y;
for(y = (m_Cpt.y - n + 1 > 0 ? m_Cpt.y - n + 1 : 0); y <= m_Cpt.y; y++)
{
    int mx = 0;
    for(int i = 0; i < n && y + i <= 14; i++)
    {
        if(strcmp(chess0[y + i][x],typle[(m_btyple && !b) || (!m_btyple && b)]) == 0)
        //该点有敌方的子
            break;
        else if(strcmp(chess0[y + i][x],typle[(m_btyple && b) || (!m_btyple && !b)]) == 0 ||
            y + i == m_Cpt.y)                     //该点有己方的子
            mx++;
        else
        {
            Cpoint m_Cpt1(x, y + i);
            obv1.push_back(m_Cpt1);
        }
    }
    if((i == n && mx == m && n == 5))
```

```
                {
                    count1 ++;
                    if(count1 == count)
                    {
                        if(lian == 1 && count != 2)
                        {
                            obv2.clear();
                            obv2 = obv1;
                        }
                        return 2;
                    }
                    else
                    {
                        obv2.clear();
                        obv2 = obv1;
                        break;
                    }
                }
                else if(i == n && mx == 3 && n == 4 && y - 1 >= 0 && y + 4 <= 14 &&
                    strcmp(chess0[y - 1][x],chess1[y - 1][x]) == 0 &&
                    strcmp(chess0[y + 4][x],chess1[y + 4][x]) == 0)
                {
                    if(m_btyple)                  //判断人下的棋能否成活四
                    {
                        if(obv1.back().y == y + 1 || obv1.back().y == y + 2)
                        {
                            Cpoint m_Cpt1(x, y - 1);
                            obv1.push_back(m_Cpt1);
                            m_Cpt1.y = y + 4;
                            m_Cpt1.x = x;
                            obv1.push_back(m_Cpt1);
                        }
                        else
                        {
                            Cpoint m_Cpt1 = obv1.back();
                            if(m_Cpt1.y == y)
                            {
                                Cpoint m_Cpt1(x, y + 4);
                                obv1.push_back(m_Cpt1);
                                if(y + 5 > 14 || strcmp(chess0[y + 5][x],
                                    typle[(m_btyple && !b) || (!m_btyple && b)]) == 0)
                                {
                                    m_Cpt1.y = y - 1;
                                    m_Cpt1.x = x;
                                    obv1.push_back(m_Cpt1);
                                }
```

```
                    }
                    else
                    {
                        Cpoint m_Cpt1(x, y - 1);
                        obv1.push_back(m_Cpt1);
                        if(y - 2 < 0 || strcmp(chess0[y - 2][x],
                            typle[(m_btyple && !b) || (!m_btyple && b)]) == 0)
                        {
                            m_Cpt1.y = y + 4;
                            m_Cpt1.x = x;
                            obv1.push_back(m_Cpt1);
                        }
                    }
                }
                count1 ++;
                if(count1 == count)
                {
                    if(lian == 1 && count != 2)
                    {
                        obv2.clear();
                        obv2 = obv1;
                    }
                    else lian = 1;
                    return 2;
                }
                else
                {
                    obv2.clear();
                    obv2 = obv1;
                    break;
                }
            }
            else   //判断 CPU
            {
                count1 ++;
                if(count1 == count)
                    return 2;
                break;
            }
        }
        else if(i < n && y + i > 14)
        {
            obv1.clear();
            break;
        }
        else
```

```
            obv1.clear();
    }

    // （3）右倾斜向判断
    obv1.clear();
    int x1 = m_Cpt.x, x2 = m_Cpt.x, y1 = m_Cpt.y, y2 = m_Cpt.y;
    if(x1 + y1 <= 14)
    {
        x1 = m_Cpt.x - n + 1 > 0 ? m_Cpt.x - n + 1 : 0;
        y1 = m_Cpt.x + m_Cpt.y - x1;
        y2 = m_Cpt.y - (n - 1) > 0 ? m_Cpt.y - (n - 1) : 0;
        x2 = m_Cpt.x + m_Cpt.y - y2;
    }
    else
    {
        y1 = m_Cpt.y + n - 1 < 14 ? m_Cpt.y + n - 1 : 14;
        x1 = m_Cpt.x + m_Cpt.y - y1;
        x2 = m_Cpt.x + n - 1 < 14 ? m_Cpt.x + n - 1 : 14;
        y2 = m_Cpt.x + m_Cpt.y - x2;
    }

    for(x = x1, y = y1; x <= m_Cpt.x; x++, y--)
    {
        int mx = 0;
        for(int i = 0; i < n && x + i <= x2; i++)
        {
            if(strcmp(chess0[y - i][x + i],typle[(m_btyple && !b) || (!m_btyple && b)]) == 0)
            //该点有敌方的子
                break;
            else if(strcmp(chess0[y - i][x + i],typle[(m_btyple && b) || (!m_btyple && !b)]) == 0 ||
                y - i == m_Cpt.y)                    //该点有己方的子
                mx++;
            else
            {
                Cpoint m_Cpt1(x + i,y - i);
                obv1.push_back(m_Cpt1);
            }
        }
        if((i == n && mx == m && n == 5))
        {
            count1 ++;
            if(count1 == count)
            {
                if(lian == 1 && count != 2)
                {
                    obv2.clear();
```

第
16
章

```
                        obv2 = obv1;
                }
                return 3;
        }
        else
        {
                obv2.clear();
                obv2 = obv1;
                break;
        }
}
else if(i == n && mx == 3 && n == 4 && x - 1 >= 0 && y - 4 >= 0 && x + 4 <= 14 &&
        y + 1 <= 14 &&
        strcmp(chess0[y + 1][x - 1],chess1[y + 1][x - 1]) == 0 &&
        strcmp(chess0[y - 4][x + 4],chess1[y - 4][x + 4]) == 0)
{
        if(m_btyple)                //判断人下的棋能否成活四
        {
                if(obv1.back().x == x + 1 || obv1.back().x == x + 2)
                {
                        Cpoint m_Cpt1(x - 1,y + 1);
                        obv1.push_back(m_Cpt1);
                        m_Cpt1.x = x + 4;
                        m_Cpt1.y = y - 4;
                        obv1.push_back(m_Cpt1);
                }
                else
                {
                        Cpoint m_Cpt1 = obv1.back();
                        if(m_Cpt1.x == x)
                        {
                                Cpoint m_Cpt1(x + 4,y - 4);
                                obv1.push_back(m_Cpt1);
                                if(x + 5 > 14 || y - 5 < 0 || strcmp(chess0[y - 5][x + 5],
                                        typle[(m_btyple && !b) || (!m_btyple && b)]) == 0)
                                {
                                        m_Cpt1.x = x - 1;
                                        m_Cpt1.y = y + 1;
                                        obv1.push_back(m_Cpt1);
                                }
                        }
                        else
                        {
                                Cpoint m_Cpt1(x - 1,y + 1);
                                obv1.push_back(m_Cpt1);
                                if(x - 2 < 0 || y + 2 > 14 || strcmp(chess0[y + 2][x - 2],
```

```
                            typle[(m_btyple && !b) || (!m_btyple && b)]) == 0)
                {
                    m_Cpt1.x = x + 4;
                    m_Cpt1.y = y - 4;
                    obv1.push_back(m_Cpt1);
                }
            }
        }
        count1 ++;
        if(count1 == count)
        {
            if(lian == 1 && count != 2)
            {
                obv2.clear();
                obv2 = obv1;
            }
            else lian = 1;
            return 3;
        }
        else
        {
            obv2.clear();
            obv2 = obv1;
            break;
        }
    }
    else   //判断计算机下棋个数
    {
        count1 ++;
        if(count1 == count)
            return 3;
        break;
    }
}
else if(i < n && x + i > x2)
{
    obv1.clear();
    break;
}
else
    obv1.clear();
}

// （4）左倾斜向判断
obv1.clear();
x1 = m_Cpt.x;
```

```
        x2 = m_Cpt.x;
        y1 = m_Cpt.y;
        y2 = m_Cpt.y;
        if(x1 < y1)
        {
            x1 = m_Cpt.x - n + 1 > 0 ? m_Cpt.x - n + 1 : 0;
            y1 = m_Cpt.y - m_Cpt.x + x1;
            y2 = m_Cpt.y + (n - 1) < 14 ? m_Cpt.y + (n - 1) : 14;
            x2 = m_Cpt.x - m_Cpt.y + y2;
        }
        else
        {
            y1 = m_Cpt.y - n + 1 > 0 ? m_Cpt.y - n + 1 : 0;
            x1 = m_Cpt.x - m_Cpt.y + y1;
            x2 = m_Cpt.x + n - 1 < 14 ? m_Cpt.x + n - 1 : 14;
            y2 = m_Cpt.y - m_Cpt.x + x2;
        }

        for(x = x1, y = y1; x <= m_Cpt.x; x++, y++)
        {
            int mx = 0;
            for(int i = 0; i < n && x + i <= x2; i++)
            {
                if(strcmp(chess0[y + i][x + i],typle[(m_btyple && !b) || (!m_btyple && b)]) == 0)
                //该点有敌方的子
                    break;
                else if(strcmp(chess0[y + i][x + i],typle[(m_btyple && b) || (!m_btyple && !b)]) == 0
                    || y + i == m_Cpt.y)        //该点有己方的子
                    mx++;
                else
                {
                    Cpoint m_Cpt1(x + i,y + i);
                    obv1.push_back(m_Cpt1);
                }
            }
            if((i == n && mx == m && n == 5))
            {
                count1 ++;
                if(count1 == count)
                {
                    if(lian == 1 && count != 2)
                    {
                        obv2.clear();
                        obv2 = obv1;
                    }
```

```
            return 4;
        }
        else
        {
            obv2.clear();
            obv2 = obv1;
            break;
        }
    }
    else if(i == n && mx == 3 && n == 4 && x - 1 >= 0 && y - 1 >= 0 && x + 4 <= 14 &&
        y + 4 <= 14 &&
        strcmp(chess0[y - 1][x - 1],chess1[y - 1][x - 1]) == 0 &&
        strcmp(chess0[y + 4][x + 4],chess1[y + 4][x + 4]) == 0)
    {
        if(m_btyple)              //判断人下的棋能否成活四
        {
            if(obv1.back().x == x + 1 || obv1.back().x == x + 2)
            {
                Cpoint m_Cpt1(x - 1,y - 1);
                obv1.push_back(m_Cpt1);
                m_Cpt1.x = x + 4;
                m_Cpt1.y = y + 4;
                obv1.push_back(m_Cpt1);
            }
            else
            {
                Cpoint m_Cpt1 = obv1.back();
                if(m_Cpt1.x == x)
                {
                    Cpoint m_Cpt1(x + 4,y + 4);
                    obv1.push_back(m_Cpt1);
                    if(x + 5 > 14 || y + 5 > 14 || strcmp(chess0[y + 5][x + 5],
                        typle[(m_btyple && !b) || (!m_btyple && b)]) == 0)
                    {
                        m_Cpt1.x = x - 1;
                        m_Cpt1.y = y - 1;
                        obv1.push_back(m_Cpt1);
                    }
                }
                else
                {
                    Cpoint m_Cpt1(x - 1,y - 1);
                    obv1.push_back(m_Cpt1);
                    if(x - 2 < 0 || y - 2 < 0 || strcmp(chess0[y + 2][x - 2],
                        typle[(m_btyple && !b) || (!m_btyple && b)]) == 0)
```

```
                                        {
                                            m_Cpt1.x = x + 4;
                                            m_Cpt1.y = y + 4;
                                            obv1.push_back(m_Cpt1);
                                        }
                                    }
                                }
                                count1 ++;
                                if(count1 == count)
                                {
                                    if(lian == 1 && count != 2)
                                    {
                                        obv2.clear();
                                        obv2 = obv1;
                                    }
                                    else lian = 1;
                                    return 4;
                                }
                                else
                                {
                                    obv2.clear();
                                    obv2 = obv1;
                                    break;
                                }
                            }
                            else   //判断计算机下棋个数
                            {
                                count1 ++;
                                if(count1 == count)
                                    return 4;
                                break;
                            }
                        }
                        else if(i < n && x + i > x2)
                        {
                            obv1.clear();
                            break;
                        }
                        else
                            obv1.clear();
                    }

                    lian = 1;
                    return 0;
                }
```

```
/*************************************************************************
**** 函数名：calc_score(int i, int j)
**** 功  能：计算分值
*************************************************************************/
#include <string>
#include "datastruct.h"
int calc_score(int i, int j)
{
    int i1, i2;
    int j1, j2;
    int score = 0;
    //一、判断该点对于计算机的分值
    // （1）纵向判断改点分值
    i1 = i2 = i;
    do
    {
        i1--;
        if(i1 == i - 5 || i1 < 0)
            break;
    }while(strcmp(chess0[i1][j],typle[b]) != 0);
    i1++;
    do
    {
        i2++;
        if(i2 == i + 5 || i2 > 14)
            break;
    }while(strcmp(chess0[i2][j],typle[b]) != 0);
    i2--;
    if(i2 - i1 >= 4)
    {
        score += CPU1 * (i2 - i1 - 3);
        int n = 0;
        for(int i0 = i1; i0 <= i2; i0++)
        {
            if(strcmp(chess0[i0][j],typle[!b]) == 0)
            {
                n++;
                score += CPU2 * MIN(i0 - i1 + 1,i2 - i0 + 1, i2 - i1 - 3);
            }
        }
    }
    // （2）横向判断改点分值
    j1 = j2 = j;
    do
    {
        j1--;
```

```
            if(j1 == j - 5 || j1 < 0)
                break;
    }while(strcmp(chess0[i][j1],typle[b]) != 0);
    j1++;
    do
    {
        j2++;
        if(j2 == j + 5 || j1 > 14)
                break;
    }while(strcmp(chess0[i][j2],typle[b]) != 0);
    j2--;
    if(j2 - j1 >= 4)
    {
        score += CPU1 * (j2 - j1 - 3);
        for(int j0 = j1; j0 <= j2; j0++)
        {
                if(strcmp(chess0[i][j0],typle[!b]) == 0)
                {
                    score += CPU2 * MIN(j0 - j1 + 1,j2 - j0 + 1,j2 - j1 - 3);
                }
        }
    }
}
//（3）左倾斜方向判断改点分值
i1 = i2 = i;
j1 = j2 = j;
do
{
    i1--;
    j1++;
    if(i1 == i - 5 || i1 < 0 || j1 > 14)
            break;
}while(strcmp(chess0[i1][j1],typle[b]) != 0);
i1++;
j1--;
do
{
    i2++;
    j2--;
    if(i2 == i + 5 || i2 > 14 || j2 < 0)
            break;
}while(strcmp(chess0[i2][j2],typle[b]) != 0);
i2--;
j2++;
if(j1 - j2 >= 4)
{
    score += CPU1 * (j1 - j2 - 3);
```

```
                for(int i0 = i1, j0 = j1; i0 <= i2 && j0 >= j2; i0++, j0--)
                {
                        if(strcmp(chess0[i0][j0],typle[!b]) == 0)
                        {
                                score += CPU2 * MIN(j0 - j2 + 1,j1 - j0 + 1,j1 - j2 - 3);
                        }
                }
        }
// （4）右倾斜方向判断改点分值
i1 = i2 = i;
j1 = j2 = j;
do
{
        i1--;
        j1--;
        if(i1 == i - 5 || i1 < 0 || j1 < 0)
                break;
}while(strcmp(chess0[i1][j1],typle[b]) != 0);
i1++;
j1++;
do
{
        i2++;
        j2++;
        if(i2 == i + 5 || i2 > 14 || j2 > 14)
                break;
}while(strcmp(chess0[i2][j2],typle[b]) != 0);
i2--;
j2--;
if(j2 - j1 >= 4)
{
        score += CPU1 * (j2 - j1 - 3);
        for(int i0 = i1, j0 = j1; i0 <= i2 && j0 <= j2; i0++, j0++)
        {
                if(strcmp(chess0[i0][j0],typle[!b]) == 0)
                {
                        score += CPU2 * MIN(j2 - j0 + 1,j0 - j1 + 1, j2 - j1 - 3);
                }
        }
}


//二、判断该点对于人的分值
// （1）纵向判断改点分值
i1 = i2 = i;
do
```

```
        {
                i1--;
                if(i1 == i - 5 || i1 < 0)
                        break;
        }while(strcmp(chess0[i1][j],typle[!b]) != 0);
        i1++;
        do
        {
                i2++;
                if(i2 == i + 5 || i2 > 14)
                        break;
        }while(strcmp(chess0[i2][j],typle[!b]) != 0);
        i2--;
        if(i2 - i1 >= 4)
        {
                score += REN1 * (i2 - i1 - 3);
                for(int i0 = i1; i0 <= i2; i0++)
                {
                        if(strcmp(chess0[i0][j],typle[b]) == 0)
                        {
                                score += REN2 * MIN(i0 - i1 + 1,i2 - i0 + 1, i2 - i1 - 3);
                        }
                }
        }
}
// （2）横向判断改点分值
j1 = j2 = j;
do
{
        j1--;
        if(j1 == j - 5 || j1 < 0)
                break;
}while(strcmp(chess0[i][j1],typle[!b]) != 0);
j1++;
do
{
        j2++;
        if(j2 == j + 5 || j2 > 14)
                break;
}while(strcmp(chess0[i][j2],typle[!b]) != 0);
j2--;
if(j2 - j1 >= 4)
{
        score += REN1 * (j2 - j1 - 3);
        for(int j0 = j1; j0 <= j2; j0++)
        {
                if(strcmp(chess0[i][j0],typle[b]) == 0)
```

```
            {
                score += REN2 * MIN(j0 - j1 + 1,j2 - j0 + 1,j2 - j1 - 3);
            }
        }
    }
}
// （3）左倾斜方向判断改点分值
i1 = i2 = i;
j1 = j2 = j;
do
{
    i1--;
    j1++;
    if(i1 == i - 5 || i1 < 0 || j1 > 14)
        break;
}while(strcmp(chess0[i1][j1],typle[!b]) != 0);
i1++;
j1--;
do
{
    i2++;
    j2--;
    if(i2 == i + 5 || i2 > 14 || j2 < 0)
        break;
}while(strcmp(chess0[i2][j2],typle[!b]) != 0);
i2--;
j2++;
if(j1 - j2 >= 4)
{
    score += REN1 * (j1 - j2 - 3);
    for(int i0 = i1, j0 = j1; i0 <= i2 && j0 >= j2; i0++, j0--)
    {
        if(strcmp(chess0[i0][j0],typle[b]) == 0)
        {
            score += REN2 * MIN(j0 - j2 + 1,j1 - j0 + 1,j1 - j2 - 3);
        }
    }
}
// （4）右倾斜方向判断改点分值
i1 = i2 = i;
j1 = j2 = j;
do
{
    i1--;
    j1--;
    if(i1 == i - 5 || i1 < 0 || j1 < 0)
        break;
}while(...)
        break;
```

```
        }while(strcmp(chess0[i1][j1],typle[!b]) != 0);
        i1++;
        j1++;
        do
        {
            i2++;
            j2++;
            if(i2 == i + 5 || i2 > 14 || j1 > 14)
                break;
        }while(strcmp(chess0[i2][j2],typle[!b]) != 0);
        i2--;
        j2--;
        if(j2 - j1 >= 4)
        {
            score += REN1 * (j2 - j1 - 3);
            for(int i0 = i1, j0 = j1; i0 <= i2 && j0 <= j2; i0++, j0++)
            {
                if(strcmp(chess0[i0][j0],typle[b]) == 0)
                {
                    score += REN2 * MIN(j2 - j0 + 1,j0 - j1 + 1, j2 - j1 - 3);
                }
            }
        }
    }

    return score;
}


/**************************************************************
****模块名：globvar
**** 功  能：定义棋盘
*****************************************************************/
#include "datastruct.h"

char typle[2][3] = {"●","★"}; //★：黑方，●：白方
bool m_btyple;          //表示目前轮到谁下，1：人，0：计算机
int b = 3;          //表示人选黑方（1）还是白方（0），人：typle[b]；计算机：typle[!b]
int xmin = 14 , xmax = 0, ymin = 14, ymax = 0;
vector <Cpoint> obv, obv1, obv2;
int lian = 1;

char chess0[15][15][3] = {          //定义下棋动态棋盘
    " ┌","┬","┬","┬","┬","┬","┬","┬","┬","┬","┬","┬","┬","┬","┐ ",
    " ├","┼","┼","┼","┼","┼","┼","┼","┼","┼","┼","┼","┼","┼","┤ ",
    " ├","┼","┼","┼","┼","┼","┼","┼","┼","┼","┼","┼","┼","┼","┤ ",
    " ├","┼","┼"," • ","┼","┼","┼"," • ","┼","┼","┼"," • ","┼","┼","┤ ",
    " ├","┼","┼","┼","┼","┼","┼","┼","┼","┼","┼","┼","┼","┼","┤ ",
```

```
    "├","┼","┼","┼","┼","┼","┼","┼","┼","┼","┼","┼","┼","┼","┤",
    "├","┼","┼","┼","┼","┼","┼","┼","┼","┼","┼","┼","┼","┼","┤",
    "├","┼","•","┼","┼","┼","•","┼","┼","┼","•","┼","┼","┼","┤",
    "├","┼","┼","┼","┼","┼","┼","┼","┼","┼","┼","┼","┼","┼","┤",
    "├","┼","┼","┼","┼","┼","┼","┼","┼","┼","┼","┼","┼","┼","┤",
    "├","┼","┼","┼","┼","┼","┼","┼","┼","┼","┼","┼","┼","┼","┤",
    "├","┼","•","┼","┼","┼","•","┼","┼","┼","•","┼","┼","┼","┤",
    "├","┼","┼","┼","┼","┼","┼","┼","┼","┼","┼","┼","┼","┼","┤",
    "├","┼","┼","┼","┼","┼","┼","┼","┼","┼","┼","┼","┼","┼","┤",
    "└","┴","┴","┴","┴","┴","┴","┴","┴","┴","┴","┴","┴","┴","┘",
};
char chess1[15][15][3] = {          //定义原始棋盘，保持不变，用于悔棋
    "┌","┬","┬","┬","┬","┬","┬","┬","┬","┬","┬","┬","┬","┬","┐",
    "├","┼","┼","┼","┼","┼","┼","┼","┼","┼","┼","┼","┼","┼","┤",
    "├","┼","┼","┼","┼","┼","┼","┼","┼","┼","┼","┼","┼","┼","┤",
    "├","┼","┼","•","┼","┼","┼","•","┼","┼","┼","•","┼","┼","┤",
    "├","┼","┼","┼","┼","┼","┼","┼","┼","┼","┼","┼","┼","┼","┤",
    "├","┼","┼","┼","┼","┼","┼","┼","┼","┼","┼","┼","┼","┼","┤",
    "├","┼","┼","•","┼","┼","┼","•","┼","┼","┼","•","┼","┼","┤",
    "├","┼","┼","┼","┼","┼","┼","┼","┼","┼","┼","┼","┼","┼","┤",
    "├","┼","┼","┼","┼","┼","┼","┼","┼","┼","┼","┼","┼","┼","┤",
    "├","┼","┼","┼","┼","┼","┼","┼","┼","┼","┼","┼","┼","┼","┤",
    "├","┼","┼","•","┼","┼","┼","•","┼","┼","┼","•","┼","┼","┤",
    "├","┼","┼","┼","┼","┼","┼","┼","┼","┼","┼","┼","┼","┼","┤",
    "├","┼","┼","┼","┼","┼","┼","┼","┼","┼","┼","┼","┼","┼","┤",
    "└","┴","┴","┴","┴","┴","┴","┴","┴","┴","┴","┴","┴","┴","┘",
};

/**************************************************************
**** 函数名：replay()
**** 功　能：重新开始一局
**************************************************************************/

#include <vector>
#include <iostream>
#include "datastruct.h"

using namespace std;

bool replay()
{
    char a;
    do
    {
        fflush(stdin);
```

```
            printf("\n 是否重新开始一局(Y：是，N：否)? ");
            a = getchar();
    }while(a != 'N' && a != 'n' && a != 'Y' && a != 'y');

    if(a == 'N' || a == 'n')
                return 0;

    //棋盘初始化
    for(int i = 0; i < 15; i++)
    {
            for(int j = 0; j < 15;j++)
                    strcpy(chess0[i][j], chess1[i][j]);
    }
    ShowChess();
    b = 3;
    obv.clear();        //清空容器

    do{
        fflush(stdin);
        printf("\n1：黑方；0：白方，黑棋先走。请选择: ");
        scanf("%d", &b);
    }while(b !=1 && b != 0);
    m_btyple = (bool)b;
    return 1;
}


/*******************************************************************
**** 模块名：datastruct.h
**** 功  能： 定义
*******************************************************************/
#ifndef ww        //如果没有定义则执行如下代码
#define ww

#include <vector>
using namespace std;

#define letter(a) (((a) >= 'A' && (a) <= 'O') || ((a) >= 'a' && (a) <= 'o'))        //判断字母是否为坐标
#define LABSMIN(x, y) (labs(x))<(labs(y))?(labs(x)):(labs(y))
#define     MIN(x, y, z) ((x) < (z) ? ((x) < (y) ? (x) : (y)) : ((z) < (y) ? (z) : (y)))
#define CPU1 2
#define CPU2 10
#define REN1 1
#define REN2 5

//定义棋子的坐标类
```

```
class Cpoint
{
public:
    int x,y;
public:
    Cpoint(int x=-1, int y=-1)      //构造函数
    {
        this->x=x;
        this->y=y;
    }
    Cpoint(const Cpoint &a)         //复制构造函数
    {

        this -> x = a.x;
        this -> y = a.y;
    }
    Cpoint& operator=(const Cpoint &a)      //赋值运算符函数
    {
        this -> x = a.x;
        this -> y = a.y;
        return *this;
    }
};

/*
//定义可落子的点及其分值类
class Cpointscore
{
public:
    int score;              //点的分值
    Cpoint m_Cpt;           //点棋子的坐标属性
public:
    Cpointscore()
    {
    }
    Cpointscore(int score = 0, Cpoint m_Cpt(-1,-1))      //构造函数
    {
        this->score = score;
        this->m_Cpt = m_Cpt;
    }
};*/

//定义棋子类
class Cchess
{
public:
```

```
        bool m_btyple;          //棋子的黑白属性
        Cpoint m_Cpt;           //棋子的坐标属性
public:
        Cchess()
        {
        }
        Cchess(bool m_btyple, Cpoint & m_Cpt)          //构造函数
        {
            this->m_btyple = m_btyple;
            this->m_Cpt = m_Cpt;
        }
};

    extern int b;
    extern int lian;
    extern int xmin, xmax, ymin, ymax;
    extern bool m_btyple;
    extern char typle[2][3];
    extern char chess0[15][15][3], chess1[15][15][3];
    extern vector <Cpoint> obv, obv1, obv2;

    void ShowChess();           //显示下棋动态棋盘及棋子
    Cpoint renstep();           //输入坐标，轮流落子
    Cpoint cpustep();           //计算机走一步
    int check(Cpoint m_Cpt, int m = 5, int n = 5, int count = 1);          //判断是否赢棋
    bool replay();
    int calc_score(int i, int j);

#endif
```

第 17 章

程序模块化设计

17.1 模块化设计的优势

谈到模块化编程，必然会涉及多文件编译，也就是工程编译。在这样的一个系统中，往往会有多个 C 语言文件，而且每个 C 语言文件的作用不尽相同。在 C 语言文件中，由于需要对外提供接口，所以必须有一些函数或者是变量以供外部其他文件进行调用。

假设有一个 initlcd.h 文件，该文件提供最基本的 LCD 的驱动函数：

Draw_Text_8_16(U32 x,U32 y,U32 color,U32 backColor,const unsigned char *chs);

此函数用于绘制大小为 16×8，16×16 的字符串，若在另外一个文件中需要调用此函数，那么该如何做呢？

头文件的作用正在于此。可以将其称为一个接口描述文件。该文件内部不应该包含任何实质性的函数代码。可以把这个头文件理解成为一份说明书，说明的内容就是模块对外提供的接口函数或者是接口变量。同时，该文件也包含了一些很重要的宏定义及一些结构体的信息，离开了这些信息，很可能无法正常使用接口函数或接口变量。但是总的原则是：不应让外界知道的信息就不能出现在头文件里，而外界调用模块内接口函数或接口变量所必须的信息就一定要出现在头文件里，否则外界就无法正确地调用程序提供的接口功能。因此，为了使外部函数或者文件调用程序提供的接口功能，就必须包含程序提供的这个接口描述文件，即头文件。同时，程序自身模块也需要包含这个模块头文件（因为其包含了模块源文件中所需的宏定义或结构体），模块本身也需要包含这个头文件。

17.2 模块化设计的步骤

▶ 17.2.1 建立两个文件

建立两个文件并分别命名，一个文件命名为 initlcd.h；另一个文件命名为 initlcd.c，如图 17.1 和图 17.2 所示。

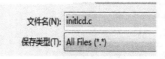

图 17.1　建立 initlcd.h 文件　　　　　图 17.2　建立 initlcd.c 文件

17.2.2　编写 C 语言文件函数实体

实体函数全部在 C 文件里编写。如图 17.3 所示，该实例其他定义文件全部放在.h 文件里面。

```
001 /*****************************************************************/
002 ***** 函数名：   LCD_Init(void)
003 ***** 功能：     LCD初始化
004 ***** 参数：     无
005 ***** 返回值：   无
006 ***** 创建者：   陈志发
007 ***** 修  改：   郭祥金
008 ***** 创建时间：2011-03-30
009 ***** 最后更新:2012-05-20
010 *****************************************************************/
011 void LCD_Init(void)
012 {
013        rGPCUP  = 0x00000000;
014
015        rGPCCON = 0xaaaa02a9;
016
017        rGPDUP  = 0x00000000;
018
019        rGPDCON=0xaaaaaaaa; //Initialize VD[15:8]
020
021        rLCDCON1=(CLKVAL_TFT<<8)|(MVAL_USED<<7)|(PNRMODE_TFT<<5)|(BPPMODE_TFT<<1)|0;
022
023        rLCDCON2=(VBPD<<24)|(LINEVAL<<14)|(VFPD<<6)|(VSPW);
```

图 17.3　C 语言程序实例

17.2.3　编写.h 文件

由于头文件可以被多个模快引用，所以通常不能将具体变量或函数的实体放入到头文件中定义。否则，若头文件被多个模块引用后，便会出现重复定义的问题。另外，由于语法上不限制在同一个模块中多处引用同一个头文件，所以必须在头文件中加入相关编译条件来防止重复引用。

一般而言，头文件中通常放置的是各种变量类型或函数原型的定义。由于相关定义可以是全局的或局部于某一个模块的，所以一般采用树状结构组织相关的头文件。全局头文件处于树根处，按模块关系逐级构建相关自树，最终的"树叶"作为具体相关模块的头文件。树的母子关系体现在头文件间的嵌入引用关系（母嵌入在子中）。

自定义头文件形式如下（如图 17.4 所示）。

开头：

```
#ifndef initlcd.h
#define initlcd.h
```

结尾：

```
#endif
```

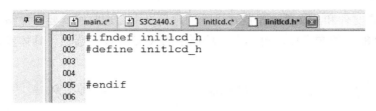

图 17.4　自定义头文件

在自定义头文件中添加内容以定义对应模块化文件中用到的变量和函数。如果该模块中的函数被其他文件调用，则必须在自定义头文件中声明这些文件，并全部添加到.h文件中。

17.2.4　在工程中添加 C 语言文件

用户建立的文件必须添加到工程中，这样，这个文件才能被其他文件调用，如图 17.5、图 17.6 所示。

图 17.5　头文件　　　　　　　　　　　　图 17.6　在工程中添加头文件

其他用户文件调用该 C 语言文件中的函数时要将对应的头文件添加进去。

17.2.5　工程文件的管理

至此，模块化设计就已完成了。但是在实际开发项目时，工程文件一般比较大，C 语言文件也会很多。如果 C 语言文件和.h 文件散落在工程文件夹中，工程文件夹就会显得很凌乱。因此，为了方便管理工程文件，用户都会在工程文件夹中新建其他文件夹来存放 C 语言文件和.h 文件。但是，很多工程师在工程中在添加了 C 语言文件之后，编译时却不能通过，这是因为没有添加文件路径。如图 17.7 所示是一个较好的文件管理实例。

名称	修改日期	类型	大小
Debug	2012/5/24 0:10	文件夹	
inc	2012/5/24 0:32	文件夹	
lis	2012/5/24 0:10	文件夹	
Obj	2012/5/24 16:40	文件夹	
setup	2012/5/24 0:10	文件夹	
src	2012/5/24 0:15	文件夹	
Lcd_wenzi.uvopt	2012/5/24 16:40	UVOPT 文件	149 KB
Lcd_wenzi.uvproj	2012/5/24 1:26	礔ision4 Project	44 KB
Lcd_wenzi_IFlash.dep	2011/4/17 23:42	DEP 文件	1 KB
Lcd_wenzi_IRAM.dep	2012/5/24 16:40	DEP 文件	1 KB
Lcd_wenzi_uvopt.bak	2012/5/24 1:26	BAK 文件	149 KB
Lcd_wenzi_uvproj.bak	2012/5/24 0:48	BAK 文件	44 KB
RuninRAM.sct	2011/3/7 19:11	Windows Script ...	1 KB

图 17.7　文件管理实例

第 17 章

如果 C 语言文件和.h 文件不是放在工程的跟目录中，这时候就要添加路径了。

单击图 17.8 中的魔术棒，再单击选项框中的 C/C++设置选项。具体步骤如图 17.9 和图 17.10 所示。

图 17.8　单击魔术棒

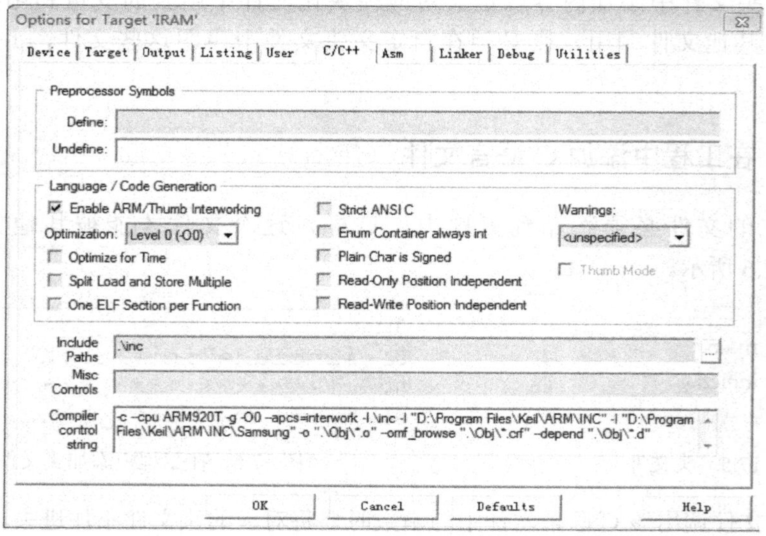

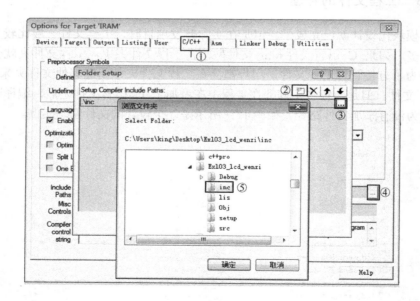

图 17.9　设置选项（1）

图 17.10　设置选项（2）

注意：ARM9 的工程需要添加启动代码，启动代码是汇编文件，工程师在添加了 C 语言文件路径之后还需要添加汇编文件的路径。添加方法相似。具体步骤如图 17.11 所示。

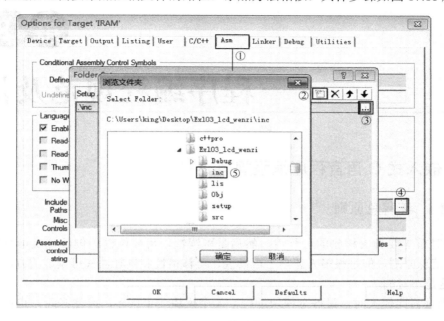

图 17.11　设置步骤

17.3　模块化设计总结

模块化程序设计即模块化设计，简单地说就是程序的编写不是一开始就逐条录入计算机语句和指令，而是首先用主程序、子程序、子过程等框架把软件的主要结构和流程描述出来，再定义和调试好各个框架之间的输入、输出链接关系。逐步求精的结果是得到一系列以功能块为单位的算法描述。以功能块为单位进行程序设计，实现其求解算法的方法称为模块化。模块化的目的是为了降低程序复杂度，使程序设计、调试和维护等操作简单化。

第17章

程序编程规范及优化

18.1 嵌入式 C 语言程序编程规范

▶ 18.1.1 编程总原则

编程时首先要考虑程序的可行性，然后是可读性、可移植性、健壮性及可测试性，这是编程规范总原则。但是很多人忽略了可读性、可移植性和健壮性（可调试的方法可能各不相同），这是不对的。

1）当项目比较大时，最好分模块编程，一个模块一个程序，方便修改，也便于重用和阅读。

2）每个文件的开头应该写明这个文件是哪个项目里的哪个模块，是在什么编译环境下编译的，编程者（修改者）和编程日期，值得注意的是一定要写编程日期，因为以后再次查看文件时，可以知道程序是什么时候编写的，有什么功能，并且可以知道类似模块之间的差异（有时同一模块所用的资源不同，与单片机相连的方法也不同，或者只是在原有的模块上加以改进）。

3）一个 C 语言源文件可以配置一个.h 头文件，或者整个项目的 C 语言文件可以配置一个.h 头文件。但通常采用整个项目的 C 语言文件配置一个.h 头文件的方法，并且使用 #ifndef、#define、#endif 等宏来防止重复定义，方便各模块之间相互调用。

4）一些常量（如圆周率 PI）或者通常需要在调试时修改的参数最好用#define 定义，但要注意宏定义只是简单地替换，因此有些括号不可少。

5）不要轻易调用某些库函数，因为有些库函数代码很长（本书反对使用 printf 之类的库函数，但是这是一家之言，并不勉强）。

6）书写代码时要注意括号对齐，固定缩进，每个"{}"占一行，本书采用缩进 4 个字符，应该还是比较合适的，if、for、while、do 等语句各占一行，执行语句不要紧跟其后，无论执行语句多少都要加"{}"，千万不要写为如下格式：

```
        for(i=0;i<100;i++){fun1();fun2();}
```
或者如下格式：
```
    for(i=0;i<100;i++){
     fun1();
     fun2();
    }
```

而应该写为如下格式：

```
for(i=0;i<100;i++)
{
    fun1();
    fun2();
}
```

7）每行只实现一个功能。例如：

```
a=2;b=3;c=4;
```

宜改为：

```
a=2;
b=3;
c=4;
```

8）重要、难懂的代码要注释，每个函数要注释，每个全局变量要注释，一些局部变量也要注释。注释写在代码的上方或者右方，千万不要写在代码的下方。

9）对各运算符的优先级要有所了解，不记得没关系，加括号就是，千万不要自作聪明认为自己记得很牢。

10）无论有没有无效分支，switch 函数一定要写 defaut 这个分支。可以使阅读者知道程序员并没有遗忘 default，并且防止程序运行过程中出现的意外（健壮性）。

11）变量和函数的命名最好能够做到"望文生义"。不要命名为如 x、y、z、a、sdrf 等名字。

12）没有函数的参数和返回值时最好使用 void。

13）通常，习惯用汇编编程的人很喜欢用 goto，但 goto 是嵌入式 C 语言的大忌。但是老实说，程序出错是程序员自己造成的，不是 goto 的过错。本书只建议一种情况下使用 goto 语句，即从多层循环体中跳出。

14）指针是嵌入式 C 语言的精华，但是在单片机 C 语言中少用为妙，其他地方可以随意使用，因为有时反而要浪费很多空间，并且在对片外数据进行操作时会出错（可能是时序的问题）。

15）一些常数和表格应该放到 code 区中以节省 RAM。

16）程序应该能够很方便地进行测试，其实这也与编程思路有关。通常，编程的顺序有三种：一种是自上而下，先整体再局部；另一种是自下而上，先局部再整体；还有一种是结合两者往中间凑。本书程序的做法是先大概规划一下整个编程，然后一个模块、一个模块地独立编程，每个模块调试成功后再拼凑在一起调试。如果程序不大，则可以直接用一个文件直接编程，如果程序很大，宜采用自上而下的方式，但更多的是处在中间的情况，这种情况宜采用自下而上或者多种方式结合的方式。

标准的"模块"或"文件"注释内容如下所示：

第 18 章

```
/////////////////////////////////////////////////
//公司名称：
//模 块 名：
//创 建 者：注意要加日期
//修 改 者：注意要加日期
//功能描述：
//其他说明：
//版  本：
/////////////////////////////////////////////////
```

以下是"函数"注释内容：

```
/////////////////////////////////////////////////
//函 数 名：
//功能描述：
//函数说明：
//调用函数：
//全局变量：
//输  入：
//返  回：
//设 计 者：
//修 改 者：
//版  本：
/////////////////////////////////////////////////
```

18.1.2 编程举例

    嵌入式 C 语言作为一个编程工具，最终的目的就是实现程序的功能。在满足这个前提条件下，人们通常希望程序能很容易地被别人读懂，或者也能够很容易地读懂别人的程序，从而在团体合作开发中就能事半功倍。例如，下面这种注释方法可供参考。

```
/**********************************************************
**** 程序名称：    跑马灯程序
**** 设计者：      周中孝      日期：2012 年 5 月 20 日
**** 修改者：      周中孝      日期：2013 年 8 月 18 日
**** 功  能：      GPIO 跑马灯测试程序
版本信息：    V1.1
**** 说  明：      4 个 LED 分别接在 GPB5～GPB5 上
**********************************************************/
#define rGPBCON      (*(volatile unsigned *)0x56000010)    //Port B control
#define rGPBDAT      (*(volatile unsigned *)0x56000014)    //Port B data
#define rGPBUP       (*(volatile unsigned *)0x56000018)    //Pull-up control B


/**********************************************************
**** 函数名：  delay()
**** 形  参：  t 延时时间长度
**** 功  能：  延时函数
**** 说  明：  一定时间长度的延时，时间可调
```

```
*********************************************************************/
void delay(unsigned int t)
{
    for(;t>0;t--);
}


/*********************************************************************
**** 函数名：main()
**** 形　参：无
**** 功　能：主程序 GPIO 跑马灯测试程序
**** 说　明：4 个 LED 分别接在 GPB5～GPB5 上
*********************************************************************/
int main (void)
{
    int j;
    rGPBCON =0x00015400; //0000 0000 0000 0001 0101 0100 0000 0000 配置成输出 GPB5～GPB8
    rGPBUP  =0x3ff;        //GPB1～GPB10 禁止上拉
    while(1)
    {
        for(j=0;j<4;j++)
        {
            rGPBDAT=0xfdf; delay(300000);
            rGPBDAT=0xfbf; delay(300000);
            rGPBDAT=0xf7f; delay(300000);
            rGPBDAT=0xeff; delay(300000);
        }
    }
}
```

18.1.3　注释

注释一般采用中文。

文件（模块）注释内容通常包括公司名称、版权、作者名称、修改时间、模块功能和背景介绍等，复杂的算法需要加上流程说明。例如：

```
/*********************************************************************/
/*公司名称：                                      */
/*模 块 名：停车场控制系统       型号：TCC001       */
/*创 建 人：zhangsan           日期：2010-08-08    */
/*修 改 人：lisi              日期：2010-08-18    */
/*功能描述：                                      */
/*其他说明：                                      */
/*版　　本：                                      */
/*********************************************************************/
```

函数开头的注释内容通常包括函数名称、功能、说明 输入、返回、函数描述、流程处理、全局变量和调用样例等，复杂的函数需要加上变量用途说明。

```
/********************************************************************
 * 函 数 名: v_LcdInit
 * 功能描述: LCD 初始化
 * 函数说明: 初始化命令: 0x3c, 0x08, 0x01, 0x06, 0x10, 0x0c
 * 调用函数: v_Delaymsec(),v_LcdCmd()
 * 全局变量:
 * 输   入: 无
 * 返   回: 无
 * 设 计 者: zhao              日期: 2010-08-08
 * 修 改 者: zhao              日期: 2010-08-18
 * 版   本:
 *******************************************************************/
```

程序中的注释内容通常包括修改时间、作者及方便理解的注释等。注释内容应简炼、清楚、明了，一目了然的语句可不加注释。

18.1.4 命名

命名必须具有一定的实际意义。

常量的命名：全部用大写。

变量的命名：变量名加前缀，前缀反映变量的数据类型，用小写，反映变量意义的第一个字母大写，其他小写。其中，变量数据类型见表 18.1。

表 18.1 变量数据类型

变　量	前　缀	变　量	前　缀
unsigned char	uc	signed char	sc
unsigned int	ui	signed int	si
unsigned long	ul	signed long	sl
bit	b	指针	p

例如，变量 ucReceivData 可看出是用于接收数据的变量。

结构体命名：全部用大写。

函数的命名：函数名首字大写，若包含两个单词时，则每个单词首字母大写。

函数原型说明包括：引用外来函数及内部函数，外部引用必须在右侧注明函数来源，包括模块名及文件名；内部函数只要求注释其定义的文件名。

18.1.5 编辑风格

1．缩进

缩进以 Tab 为单位，一个 Tab 为四个空格。预处理语句、全局数据、函数原型、标题、附加说明、函数说明、标号等均顶格书写。语句块的"{"、"}"配对对齐，并与其前一行对齐。

2．空格

数据和函数在其类型、修饰名称之间适当空格并根据情况对齐。关键字原则上空一格，如 if (...) 等。

运算符的空格规定如下："->"、"["、"]"、"++"、"--"、"～"、"!"、"+"（正号）、"-"（负号）、"&"（取址或引用）、"*"（使用指针时）等几个运算符两边不空格（其中，单目运算符系指与操作数相连的一边）；其他运算符（包括大多数二目运算符和三目运算符 "?:"，两边均空一格；"("、"）"运算符在其内侧空一格；在定义函数时还可根据情况多空或不空格对齐，但在函数实现时可以不用对齐；","运算符只在其后空一格，需对齐时也可不空或多空格；对语句行后加的注释应用适当空格与语句隔开并尽可能对齐。

3．对齐

原则上关系密切的行应对齐，对齐包括类型、修饰、名称、参数等各部分对齐。每一行的长度不应超过屏幕太多，必要时适当换行。尽可能在 ","处或运算符处换行。换行后，最好以运算符开头，并且以下各行均以该语句首行缩进，但该语句仍以首行的缩进为准，例如，其下一行为 "{"则应与首行对齐。

4．空行

程序文件结构各部分之间空两行，若无必要也可只空一行，各函数实现之间一般空两行。

5．修改

版本封存后的修改一定要将旧语句用/* */ 封闭，不能自行删除或修改，并要在文件及函数的修改记录中增加记录。

6．形参

在定义函数时，在函数名后面的括号中直接进行形式参数说明，不再另行说明。

18.2　C 语言程序编程规范总结

编程规范总原则包括可行性、可读性、可移植性、健壮性和可测试性。编程规范的内容如下。

1）1.0 版本程序尽量模块化、文件化。

2）2.0 版本程序说明包括以下内容。

① 工程说明；

② 模块文件说明；

③ 函数说明；

④ 关键语句、关键算法说明；

⑤ 模块文件之间调用说明。

第 18 章

3）主函数（主模块）越短越好，主要用来初始化其他模块，以及调用其他模块。

4）单片机程序的两个原则如下。

① 程序一定是从程序存储器 0000H 开始存放和执行。

汇编语言如下所示：

```
ORG 0000H LJMP MAIN
```

嵌入式 C 语言如下所示：

```
void main(void)    //代表程序从 0000h 开始存放和执行
{
    语句;
}
```

② 程序执行一定是一个死循环。

5）程序结构包括头文件、主函数和函数（函数结构包括函数声明、子函数和函数调用）。

6）语句嵌套要缩行。例如：

```
/********          主函数          *****************/
void main(void)
{
    init();
    LE=1 ;                                    //AD 端口，低电平开始转换
    P15=0 ;                                   //键盘控制端口
    AD_CS=0 ;                                 //AD 片选端口
    while(1)
    {
        Display_time();                       //读取时间
        t=ReadTemperature();                  //读取温度
        Deal();                               //数据处理
        //如果大于报警温度，则报警
        if((n>=kk))
        {
            bee();
        }
        display(J_shi,J_ge,Wen_s,Wen_g);      //数码管显示
        if(UART_flag==1)
        {
            UART_flag=0 ;
            put();                            //调用上位机发送数据函数
        }
        //控制继电器开启，P13 低电平开启
        if(MAC_flag==1)
        {
            liuhan();
        }
    }
}
void SCH_task()
{
    T0_1ms=0 ;                                //task_num++;
    if(task_num==1)
```

```
        {
            task1_tf=1 ;                                //按键扫描
        }
        if(task_num==2)
        {
            task2_tf=1 ;                                //按键处理
        }
        if(task_num==3)
        {
            task3_tf=1 ;                                //加工处理
        }
        if(task_num==4)
        {
            task4_tf=1 ;                                //显示任务
        }
    }
```

7）一个文件对应一个自定义头文件（头文件中定义该文件用到的函数、变量、数组声明）。

8）中断函数禁止调用其他子函数。如果需要调用子函数，则该子函数必须仅在中断中使用。

9）变量、函数的名称一定要有特点含义，最好用英文或英文缩写。

10）变量、数组、函数和指针等必须首先声明（定义）再应用，并且声明（定义）必须放在一个函数中的最前面，即第一条语句前。例如：

```
    void main(void)
    {
        uchar code shu[12]=
        {//0,1,2,3,4,                        //5,6,7,8,9,
            0xc0,0xf9,0xa4,0xb0,0x99,0x92,0x82,0xf8,0x80,0x90,0x00,0xff
        };//灭，共阳极数码管显示段码
        uchar i,k ;
        uchar display[2]=
        {
            0xff,0xff
        };
        delay(60000);
        while(1)
        {
            k=key();
            if(k<=0x0f)
            {
                display[0]=k/10 ;        //显示十位
                display[1]=k%10 ;        //显示个位
            }
            for(i=0;i<2;i++)
            {
                P1=(~(0X01<<i))&0Xff ;  //选位码
                P0=shu[display[i]];      //推送段码
                delay(1000);
            }
        }
    }
```

11）汇编语言全部用大写，嵌入式 C 语言全部用小写（在嵌入式 C 语言中大写的变量一般有特定含义，如 P0）。

12）编写程序时，每一行仅写一条语句，例如：

a）uchar a,b;

b）a=1;

c）b=2;

13）全局变量一般第一个字母大写，局部变量全部小写。

14）常量一般要全部大写。

18.3 程序优化

程序优化原则：精简、代码效率高（程序容量小，执行速度快）。程序优化的要求如下。

1）常量、数组（固定）最好放在 code 区。例如，汉字、图形点阵型取模用到什么才取什么，并且一定存放在 code 区。

2）变量、数组、函数、指针类型优化原则是，尽量用位数少的变量；变量能用位型变量，就不用字符型变量；能用字符型变量，就不用整型变量。

3）尽量用三维以下数组。

4）能用 data 区就不用 idata 区。

5）要用好中断、定时器，以便提高代码执行速度。

6）全局变量尽量少用。

7）标准文件库中的函数尽量少用。

8）算术运算尽量少用。

9）浮点型一般不用。浮点型变量尽量少用。

10）程序尽量子函数化。

18.4 项目管理知识

18.4.1 项目定义

项目定义：项目是为完成某一独特产品和服务所做的一次性努力。

项目特点如下所述。

1）一次性——项目有明确的开始时间和结束时间。当项目目标已经实现，或因项目目标不能实现而项目被终止时，就意味着项目的结束。

2）独特性——项目所创造的产品或服务与已有的相似产品或服务相比较，在某些方面有明显的差别。项目要完成的是以前未曾做过的工作，所以它是独特的。

18.4.2 项目三要素

项目三要素包括时间、质量、成本，如图 18.1 所示。这三个要素相互影响、相互制约。

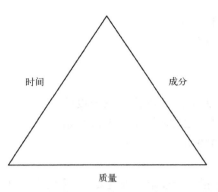

图 18.1　项目三要素

18.4.3　项目过程

项目从开始到结束包括识别需求、提出方案、执行项目、结束项目等四个阶段，如图 18.2 所示。

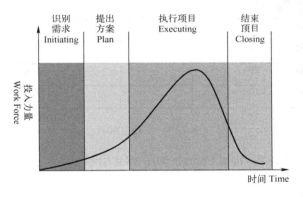

图 18.2　项目过程

18.4.4　项目评估标准

项目评估标准包括以下四项内容。

1）用户指定。

2）行业标准（国内级别，国际级别）。

3）特殊标准（特需项目）。

4）同类产品标准（技术含量）。

18.5　电子产品开发流程

本节以一个停车场控制系统讲解电子产品开发流程。

第 18 章

停车场控制系统开发流程如下。

1.0 项目论证、可行性分析

2.0 项目计划书编制

2.1 项目概况

    2.1.1 项目名称：未来大厦停车场管理系统设计

    2.1.2 项目周期：1 个月（2008 年 9 月 1 日开始，2008 年 9 月 30 日结束）

    2.1.3 项目总投资：3 000 元

    2.1.4 项目交付物：

        1）样机 1～3 套（包括功能要求、外观要求、稳定性、安全性、电磁兼容方面要求）

        2）相关技术资料

2.2 工作分解表（WBS）（如图 18.3 所示）

工作包 Work Package	工作周期 Timing	所需资源 Resource	质量标准 Quality Standard	责任人 Responsible Person
项目计划书编制、项目控制	40			张三
硬件设计	40			李四
软件设计	40			王五
样机测试	20			正龙
资料管理	10			刘芳

图 18.3　工作分解表

2.3 项目进度表（甘特图 Gantt Chart）如图 18.4 所示

3.0 项目实施

    3.0.1 原理图设计

    3.0.2 PCB 设计及打样

    3.0.3 软件设计

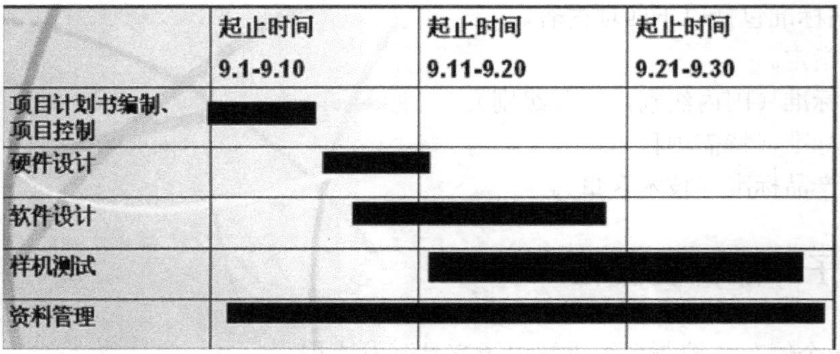

	起止时间 9.1-9.10	起止时间 9.11-9.20	起止时间 9.21-9.30
项目计划书编制、项目控制	■■■		
硬件设计		■■■	
软件设计		■■■	
样机测试			■■■
资料管理	■■■■■■■■■		

图 18.4　项目进度表

3.0.4 软硬件调试

3.0.5 样机制作、样机测试

3.0.6 小批量生产、生产作业指导书编制

3.0.7 批量生产

3.0.8 设计修改、完善、技术资料整理、归档

4.0 项目评审：包括成本评审、技术评审、社会效益评审等

5.0 项目结束：包括项目结束后的文档整理和保存；售后服务及跟踪等

嵌入式 C 语言编程常见错误和程序调试

19.1 嵌入式 C 语言编程常见错误

如果提示工具连接错误，则表示 MDK 安装程序有问题，需要卸载并全部删除后重新再进行安装。

19.2 C 语言程序调试常见错误及警告的解决方法

1. 错误

Error C129:missing ';' before 'void';

解释：双击之后光标弹到如图 19.1 所示处。

解决办法：并不是该函数的前面缺少";"而是在函数声明时结尾没有加分号。

```
008 //
009 void     delay(uint  t)
010 {
011       for( ;t>0;t--);
012 }
```

图 19.1　C 语言程序错误

2. 警告

Waring C235:parameter 3:different types;

解释：参数类型不对，这表明函数的形参类型和声明的函数形参类型不一致。

解决办法：将对应的函数的形参类型和声明的形参类型改为一致。

3. 警告

*** WARNING L16: UNCALLED SEGMENT, IGNORED FOR OVERLAY PROCESS
　　　SEGMENT: ?PR?MIAN?KEY
*** WARNING L10: CANNOT DETERMINE ROOT SEGMENT

解释：缺少 main 函数，程序员将 main 编辑成了 mian。

解决办法：将 mian 修改为 main。

4．错误

KEY.C(135): error C202: 'k': undefined identifier

解释：用户使用前没有对"k"定义。

解决办法：对"k"进行定义。

5．错误

KEY.C(131): warning C280: 'j': unreferenced local variable

解释：用户定义了"j"并没有使用"j"，从而浪费了一个地址空间。

解决办法：将"j"删除。

6．警告

KEY.C(135): warning C206: 'key': missing function-prototype

解释"key"缺少函数原型，有以下两种可能：

1）用户没有编写"key"的函数体；

2）用户在模块化编程时没有声明"key"函数。

解决办法：声明"key"函数或编写函数体。

7．警告

　*** WARNING L1: UNRESOLVED EXTERNAL SYMBOL

　　SYMBOL:　_IIC_GETS

　　MODULE:　mian.obj (MIAN)

解释：未添加"_IIC_GETS"，用户在模块化编程时没有将"_IIC_GETS"所在的库添加进来。

解决办法：将"_IIC_GETS"所在的库添加到工程文件。

8．警告

mian.c(6): warning C318: can't open file 'iicd.h'

解释：打不开"iicd.h"；用户没有编写或添加"iicd.h"，也可能是名字写错了。

解决办法：添加或编写或修改"iicd.h"。

9．错误

*** ERROR L104: MULTIPLE PUBLIC DEFINITIONS

　　SYMBOL:　_DELAY

　　MODULE:　initkey.obj (INITkey)

解释：多重定义"_DELAY"；用户可能编写了两个一样的"_DELAY"函数名或在模块化编程时不同的文件内含有相同名称。

解决办法：在"_DELAY"前添加"static"或修改名称。

10．错误

*** ERROR L104: MULTIPLE PUBLIC DEFINITIONS

SYMBOL: SHU

   MODULE: initkey.obj (INITkey)

解释：用户模块化编程时，在".h"文件声明时，已为这个"SHU"数组赋值。

解决办法：在 C 语言文件中赋值即可，同时将".h"中的赋值删除。

11．警告

INITkey.C(122): warning C209: '_delay': too few actual parameters

解释："Delay"函数中没有传实参。

解决办法：在函数调用时传递合适的实参。

12．警告

src\main.c(16): warning: #177-D: variable "fu" was declared but never referenced

src\main.c: char fu;

src\main.c: ^

src\main.c: src\main.c: 1 warning, 0 errors

解释：定义了"char fu"，但是没有使用。

解决办法：删除变量"fu"的定义，或使用变量"fu"。

13．警告

src\main.c(248): warning: #951-D: return type of function "main" must be "int"

解释："MDK"的"main"必须是"int"类型的返回值，否则就会报错。

解决办法：将"main"的类型"void"改为"int"。

14．警告

warning: #1-D: last line of file ends without a newline

解释：文件最后一行不是新的一行，编译器要求程序文件的最后一行必须是空行。

解决办法：可以不理会。若是不想出现该警告，则在出现该警告的文件的最后一行按下回车键，空出一行。

15．警告

warning: C3017W: data may be used before being set

解释：变量"data"在使用前没有明确的赋值。例如，uint8 i,data; //定义变量 i 和 data，二者都没有明确赋值

解决办法：初始化时赋初值。

16．警告

warning: #940-D: missing return statement at end of non-void function "getchaek"

解释：返回非空的函数"getchaek"后缺少返回值声明。此处应该是"return x;"返回一个"int"类型数据，若没有返回值，则编译器产生警告。

"getchaek"是一个带返回值的函数，但是函数体里面没有"return；"

解决办法：在函数体里面加上"return"，返回一个值给函数。

17．错误

MIAN.C(28): warning C206: 'iic_Puts': missing function-prototype

MIAN.C(28): error C267: 'iic_Puts': requires ANSI-style prototype

解释：该函数已经定义和声明了，但是使用却出错。P 的大写和小写很容易混淆。

解决办法：当大小写不确定时，字母开头统一改为大写。

18．错误

iic.c(1): warning C318: can't open file 'iiic.h'

解释：不能打开"iiic.h"。在".h"文件虽然声明了该头文件但是还是不能使用；模块化".h"、".c"的命名要一致。添加文件时要添加".h"的文件名。

解决办法：将"iii.h"修改成为".h"的文件名相同，或者修改".h"的文件名。

19．无警告，无错误

```
for(i=0;i<3;i++)   ;
    {
        P0=((0x01<<i))          ;//
```

解释：该情况无警告，无错误，但是数码管就是不显示。其主要原因是用户不理解 for 语句的格式或不仔细编程。

解决办法：将 for 后面的"；"删除。

20．无警告，无错误

```
if( iic_GetAck() )  ;
{
    iic_Stop();
    return 1;
}
```

解释：该情况无警告，无错误，但执行的结果却不正确，此时，用户应注意编程风格。

解决办法：将 if 后面的"；"删除。

21．警告

```
if(i=10)
    {
```

MAIN1602.C(94): warning C276: constant in condition expression

解释：语法没有错误，但是表达出错；括号里为赋值表达式，而该表达式永远为真。

解决办法：将'='改为'=='。

22．错误

MAIN1602.C(74): error C213: left side of asn-op not an lvalue

解释：左边的数据不是一个有效的数值，数组能够赋值给指针，但是指针不能够赋值

第 19 章

给数组。

解决办法：不能使指针赋值给数组，语法错误。

23．警告或者无警告

```
while(1) ;
```

解释：裸机程序都要使用 while(1)将要执行的内容括起来，但是后面加上了"；"就表示 while（1）管辖的范围是这个分号了。

解决办法：将 while（1）后面的"；"删除即可。

24．无警告无错误

```
uchar p[]="free fly";
 p[11]='k';
```

解释：P[ ]的数组长度是 9 字节，但是此语句是为第 11 个字节赋值，这明显超过了数组长度，即使没有报错，其使用的结果也不对。

解决办法：增加数组的长度。

25．错误

```
uchar code s[4];
  s[0]++ ;
```

MIAN.C(26): error C183: unmodifiable lvalue

解释：修饰有误；code 区存放的数据只能读不能修改。

解决办法：将 code 改为 data、idata 或直接删除。

26．错误

```
cs1=1;
cs2=1;
uchar x,i;
```

INIT12864.C(73): error C141: syntax error near 'unsigned'

解释：数据要在函数的一开始就定义。

解决办法：将"uchar x，i；"放在函数体的第一行。

27．错误

```
void delay(uint t)
```

INIT12864.C(9): error C100: unprintable character 0xBF skipped

解释：双击错误光标指向该处，但是再仔细看并没有什么错误。

```
void delay(uint t)//
```

通过后面屏蔽就会发现有编译器不能识别的语句，编写时难免出现这样的错误。

解决办法：将语句删除或者屏蔽。

28. 警告

```
#define uint    unsigned int;
```

init12864.c(5): warning C317: attempt to redefine macro 'uint'

解释："Define"是宏定义，而不是语句，在而后面无须加上";"，如果添加了分号，则分号会一起编译和替换

解决办法：将 int 后面的";"删除。

19.3 C 语言编译器错误信息中文翻译

C 语言编译器错误信息中文翻译见表 19.1。

表 19.1 C 语言编译器错误信息中文翻译

序 号	原 文	中 文 翻 译
1	Ambiguous operators need parentheses	不明确的运算需要用括号括起来
2	Ambiguous symbol ``xxx``	不明确的符号
3	Argument list syntax error	参数表语法错误
4	Array bounds missing	丢失数组界限符
5	Array size toolarge	数组尺寸太大
6	Bad character in paramenters	参数中有不适当的字符
7	Bad file name format in include directive	包含命令中文件名格式不正确
8	Bad ifdef directive synatax	编译预处理 ifdef 有语法错
9	Bad undef directive syntax	编译预处理 undef 有语法错
10	Bit field too large	位字段太长
11	Call of non-function	调用未定义的函数
12	Call to function with no prototype	调用函数时没有函数的说明
13	Cannot modify a const object	不允许修改常量对象
14	Case outside of switch	漏掉了 case 语句
15	Case syntax error	case 语法错误
16	Code has no effect	代码不可述，不可能执行到
17	Compound statement missing{	分程序漏掉了 "{"
18	Conflicting type modifiers	不明确的类型说明符
19	Constant expression required	要求常量表达式
20	Constant out of range in comparison	在比较时常量超出范围
21	Conversion may lose significant digits	转换时会丢失有意义的数字
22	Conversion of near pointer not allowed	不允许转换近指针

序　号	原　　　文	中　文　翻　译
23	Could not find file ``×××``	找不到×××文件
24	Declaration missing;	说明缺少";"
25	Declaration syntax error	说明中出现语法错误
26	Default outside of switch	default 出现在 switch 语句之外
27	Define directive needs an Identifier	定义编译预处理需要标识符
28	Division by zero	用零作为除数
29	Do statement must have while	do...while 语句中缺少 while 部分
30	Enum syntax error	枚举类型语法错误
31	Enumeration constant syntax error	枚举常数语法错误
32	Error directive :xxx	错误的编译预处理命令
33	Error writing output file	写输出文件错误
34	Expression syntax error	表达式语法错误
35	Extra parameter in call	调用时出现多余错误
36	File name too long	文件名太长
37	Function call missing)	函数调用缺少右括号
38	Fuction definition out of place	函数定义位置错误
39	Fuction should return a value	函数必需返回一个值
40	goto statement missing label	goto 语句没有标号
41	Hexadecimal or octal constant too large	十六进制或八进制常数太大
42	Illegal character ``×``	非法字符×
43	Illegal initialization	非法的初始化
44	Illegal octal digit	非法的八进制数字
45	Illegal pointer subtraction	非法的指针相减
46	Illegal structure operation	非法的结构体操作
47	Illegal use of floating point	非法的浮点运算
48	Illegal use of pointer	指针使用非法
49	Improper use of a typedefsymbol	类型定义符号使用不恰当
50	In-line assembly not allowed	不允许使用行间汇编
51	Incompatible storage class	存储类别不相容
52	Incompatible type conversion	不相容的类型转换
53	Incorrect number format	错误的数据格式
54	Incorrect use of default	default 使用不当
55	Invalid indirection	无效的间接运算
56	Invalid pointer addition	指针相加无效
57	Irreducible expression tree	无法执行的表达式运算
58	Lvalue required	需要逻辑值为零值或非零值

续表

序　号	原　　文	中 文 翻 译
59	Macro argument syntax error	宏参数语法错误
60	Macro expansion too long	宏扩展后太长
61	Mismatched number of parameters in definition	定义中参数个数不匹配
62	Misplaced break	此处不应出现 break 语句
63	Misplaced continue	此处不应出现 continue 语句
64	Misplaced decimal point	此处不应出现小数点
65	Misplaced elif directive	此处不应编译预处理 elif
66	Misplaced else	此处不应出现 else
67	Misplaced else directive	此处不应出现编译预处理 else
68	Misplaced endif directive	此处不应出现编译预处理 endif
69	Must be addressable	必须是可以编址的
70	Must take address of memory location	必须存储定位的地址
71	No declaration for function ``×××``	没有函数×××的说明
72	No type information	没有类型信息
73	Non-portable pointer assignment	不可移动的指针（地址常数）赋值
74	No stack	缺少堆栈
75	Non-portable pointer comparison	不可移动的指针（地址常数）比较
76	Non-portable pointer conversion	不可移动的指针（地址常数）转换
77	Not a valid expression format type	不合法的表达式格式
78	Not an allowed type	不允许使用的类型
79	Numeric constant too large	数值常太大
80	Out of memory	内存不够用
81	Parameter ``×××`` is never used	数×××没有用到
82	Pointer required on left side of ->	符号"->"的左侧必须是指针
83	Possible use of ``×××`` before definition	在定义之前就使用了×××（警告）
84	Possibly incorrect assignment	赋值可能不正确
85	Redeclaration of ``×××``	重复定义了×××
86	Redefinition of ``×××`` is not identical	×××的两次定义不一致
87	Register allocation failure	寄存器定址失败
88	Repeat count needs an lvalue	重复计数需要逻辑值
89	Size of structure or array not known	结构体或数组大小不确定
90	Statement missing ;	语句后缺少";"
91	Structure or union syntax error	结构体或联合体语法错误
92	Structure size too large	结构体尺寸太大
93	Sub scripting missing]	下标缺少右方括号
94	Superfluous & with function or array	函数或数组中有多余的"&"

第 19 章

序　号	原　文	中　文　翻　译
95	Suspicious pointer conversion	可疑的指针转换
96	Symbol limit exceeded	符号超限
97	Too few parameters in call	函数调用时的实参少于函数的参数
98	Too many default cases	default 太多（switch 语句中一个）
99	Too many error or warning messages	错误或警告信息太多
100	Too many type in declaration	在说明中类型太多
101	Too much auto memory in function	函数用到的局部存储太多
102	Too much global data defined in file	文件中全局数据太多
103	Two consecutive dots	两个连续的句点
104	Type mismatch in parameter ×××	参数×××类型不匹配
105	Type mismatch inredeclaration of ``×××``	重定义的×××类型不匹配
106	Unable to create output file ``×××``	无法建立输出文件×××
107	Unable to open include file ``×××``	无法打开被包含的文件×××
108	Unable to open input file ``×××``	无法打开输入文件×××
109	Undefined label ``×××``	标号×××没有定义
110	Undefined structure ``×××``	结构×××没有定义
111	Undefined symbol ``×××``	符号×××没有定义
112	Unexpected end of file in comment started on line ×××	从×××行开始的注解尚未结束，文件不能结束
113	Unexpected end of file in conditional started on line ×××	从×××开始的条件语句尚未结束，文件不能结束
114	Unknown assemble instruction	未知的汇编结构
115	Unknown option	未知的操作
116	Unknown preprocessordirective: ``×××``	无法确认的预处理命令×××
117	Unreachable code	无路可达的代码
118	Unterminated string or character constant	字符串缺少引号
119	Void functions may not return a value	void 类型的函数不应有返回值
120	Wrong number of arguments	调用函数的参数数目错误
121	``×××`` not an argument	×××不是参数
122	``×××`` not part of structure	×××不是结构体的一部分
123	××× statement missing (	×××语句缺少左括号
124	××× statement missing)	×××语句缺少右括号
125	××× statement missing ;	×××缺少分号
126	××× declared but never used	说明了×××但没有使用
127	××× is assigned a value which is never used	为×××赋值了但未用过
128	Zero length structure	结构体的长度为零
129	user break	用户强行中断了程序

19.4　MDK C 常用警告原因及处理方法

MDK C 常用警告原因及处理方法如下。

1）出现如下问题。

```
compiling delay.c...
compiling key.c...
key.c(62): warning C316: unterminated conditionals
linking...
Program Size: data=12.0 xdata=0 code=544
"2358" - 0 Error(s), 2 Warning(s).
```

解释：

如下语句出错：

```
#ifndef key_h
#ifndef key_h
void key(void);
#endif
```

解决方法：应该修改为如下语句。

```
#ifndef key_h     //如果没有定义，那么
#define key_h     //重新定义
void key(void);
#endif
```

2）MDK 在编译过程中经常出现提示要保存的对话框。

解决方法：

① 将该文件夹放入英文文件夹下，并且该文件夹名称最好用英文。

② 要将该文件夹的只读属性去掉。

3）Warning 280:'i':unreferenced local variable

解释：局部变量 i 在函数中未进行任何的存取操作。

解决方法：消除函数中 i 变量的声明。

4）Warning 206:'Music3':missing function-prototype

解释：Music3( )函数未进行声明或未进行外部声明，所以无法被其他函数调用。

解决方法：将叙述 void Music3(void)写在程序的最前端作为声明，如果是其他文件的函数则要写为 extern void Music3(void)，即作为外部声明。

5）***WARNING 16:UNCALLED SEGMENT,IGNORED FOR OVERLAY PROCESS
SEGMENT: ?PR?_DELAYX1MS?DELAY

解释：DelayX1ms( )函数未被其他函数调用，也会占用程序记忆体空间。

解决方法：删除 DelayX1ms( )函数或利用条件编译"#if ….#endif"可保留该函数但不编译。

6）***WARNING L15: MULTIPLE CALL TO SEGMENT

SEGMENT: ?PR?_WRITE_GMVLX1_REG?D_GMVLX1

CALLER1: ?PR?VSYNC_INTERRUPT?MAIN

CALLER2: ?C_嵌入式 CSTARTUP

***WARNING L15: MULTIPLE CALL TO SEGMENT

SEGMENT: ?PR?_SPI_SEND_WORD?D_SPI

CALLER1: ?PR?VSYNC_INTERRUPT?MAIN

CALLER2: ?C_嵌入式 CSTARTUP

***WARNING L15: MULTIPLE CALL TO SEGMENT

SEGMENT: ?PR?SPI_RECEIVE_WORD?D_SPI

CALLER1: ?PR?VSYNC_INTERRUPT?MAIN

CALLER2: ?C_嵌入式 CSTARTUP

该警告表示连接器发现有一个函数可能会被主函数和一个中断服务程序（或者调用中断服务程序的函数）同时调用，或者同时被多个中断服务程序调用。

出现这种问题有如下两个原因。

1）这个函数是不可重入性函数。当该函数运行时，它可能会被一个中断打断，从而使得其结果发生变化，并可能会引起一些变量形式的冲突（即引起函数内一些数据的丢失，可重入性函数在任何时候都可以被 ISR 打断，一段时间后又可以运行，但是相应数据不会丢失）。

2）用于局部变量和变量（暂且这样翻译，arguments[自变量，变元一数值，用于确定程序或子程序的值]）的内存区被其他函数的内存区所覆盖，如果该函数被中断，则它的内存区就会被使用，这将导致其他函数的内存冲突。例如，第一个警告中函数 WRITE_GMVLX1_REG 在 D_GMVLX1.C 或者 D_GMVLX1.A51 被定义，它被一个中断服务程序或者一个调用了中断服务程序的函数调用了，调用它的函数是 VSYNC_INTERRUPT，在 MAIN.C 中。

解决方法：如果确定两个函数不会在同一时间执行（该函数被主程序调用并且中断被禁止），并且该函数不占用内存（假设只使用寄存器），则可以完全忽略这种警告。

如果该函数占用了内存，则应该使用连接器（linker）OVERLAY 指令将函数从覆盖分析（overlay analysis）中删除。例如：

> OVERLAY (?PR?_WRITE_GMVLX1_REG?D_GMVLX1 ! *)

该指令防止了函数使用的内存区被其他函数覆盖。如果该函数中调用了其他函数，而这些调用在程序中其他地方也会被调用，则可能需要将这些函数排除在覆盖分析（overlay analysis）之外。这种 OVERLAY 指令能够使编译器不出现上述警告信息。

如果函数可以在其执行时被调用，则情况会变得更复杂。这时，可以采用以下几种方法。

① 主程序调用该函数时禁止中断，可以在该函数被调用时用"#pragma disable"语句来实现禁止中断的目的。

② 必须使用 OVERLAY 指令将该函数从覆盖分析中删除。

③ 复制两份该函数的代码，一份复制到主程序中，另一份复制到中断服务程序中。

④ 将该函数设为重入型。例如：

```
void myfunc(void) reentrant
{
    ...
}
```

这种设置将会产生一个可重入堆栈，该堆栈被应用于存储函数值和局部变量。使用这种方法时，重入堆栈必须在"STARTUP.A51"文件中配置。但是，这种方法消耗更多的 RAM，并会降低重入函数的执行速度。

Microsoft Visual C++ 6.0 软件使用介绍

A.1 工程（Project）及工程工作区（Project Workspace）

在开始编程之前，必须首先了解工程 Project（又称为"项目"或"工程项目"）的概念。工程又称为项目，它具有两种含义：一种是指最终生成的应用程序；另一种则是为了创建这个应用程序所需的全部文件的集合，包括各种源程序、资源文件和文档等。绝大多数较新的开发工具都利用工程对软件开发过程进行管理。

利用 VC 6.0 编写并处理的任何程序都与工程有关（都要创建一个与其相关的工程），而每一个工程又总是与一个工程工作区相关联。工作区是对工程概念的扩展。一个工程的目标是生成一个应用程序，但很多大型软件往往需要同时开发数个应用程序，VC 6.0 开发环境允许用户在一个工作区内添加数个工程，其中有一个是活动的（默认的），每个工程都可以独立地进行编译、链接和调试。

实际上，VC 6.0 是通过工程工作区来组织工程及其各相关元素的，就好像是一个工作间（对应于一个独立的文件夹，或称为子目录），后面程序中的所有的文件、资源等元素都将放入到这一工作间中，从而使得各个工程之间互不干扰，使编程工作更有条理、更具模块化。在最简单的情况下，每一个工作区中用来存放一个工程，代表着某一个要进行处理的程序（本书首先学习这种用法）。但如果有需要，每一个工作区中也可以用来存放多个工程，其中可以包含该工程的子工程或者与其有依赖关系的其他工程。

由此可以看出，工程工作区就像是一个"容器"，由它来"盛放"相关工程的所有相关信息，当创建新工程时，同时要创建这样一个工程工作区，然后再通过该工作区窗口来观察与存取此工程的各种元素及其相关信息。创建工程工作区之后，系统将创建一个相应的工作区文件（.dsw），用来存放与该工作区相关的信息；另外，还将创建其他几个相关文件，包括工程文件（.dsp）及选择信息文件（.opt）等。

编制并处理 C++程序时要创建工程，VC 6.0 已经预先为用户准备好了近 20 种不同的工程类型以供选择，选定不同的类型意味着让 VC 6.0 系统帮着提前做某些不同的准备及初始化工作（例如，事先为用户自动生成一个所谓的底层程序框架又称为框架程序，并进行某些隐含设置，如隐含位置、预定义常量、输出结果类型等）。在工程类型中，其中有一个是"Win32 Console Application"，它是程序员首先要掌握的、用来编制运行 C++程序方法中最简单的一种。此种类型的程序运行时，将出现并使用一个类似于 DOS 的窗口，以便对字符模式提供各种处理与支持。实际上，它提供的只是严格地采用光标而不是鼠标的移动的界面。此种类型的工程小巧而简单，但已足以解决并支持本书所涉及的所有编程内容与技术，使程序员可以把重点放在程序的编制而并非界面处理等方面，至于 VC 6.0 支持的其他工程类型（其中有许多还将涉及 Windows 或其他的编程技术与知识），则可在今后的不断学习中逐渐了解、掌握与使用。

A.2　启动并进入 VC 6.0 的集成开发环境

　　若桌面上有 VC 6.0 快捷方式图标（如图 A.1 所示），则利用鼠标双击该图标启动并运行 VC 6.0，进入到它的集成开发环境窗口（假设在 Windows 系统下已经安装了 VC 6.0），其具体窗口如图 A.2 所示。

图 A.1　VC 6.0 在桌面上的快捷方式图标

　　如图 A.2 所示的窗口从大体上可分为四部分。上部：菜单和工具条；中左部：工作区（Workspace）视图显示窗口，这里将显示处理过程中与项目相关的各种文件种类等信息；中右部：文档内容区，是显示和编辑程序文件的操作区；下部：输出（Output）窗口区，程序调试过程中进行编译、链接、运行时输出的相关信息将在此处显示。

　　注意，由于系统的初始设置或者环境的某些不同，所以启动的 VC 6.0 初始窗口样式与图 A.2 所示有所不同，也许不会出现 Workspace 窗口或 Output 窗口，这时可通过执行 "View" → "Workspace" 菜单选项使中左部的工作区窗口显现出来；而通过执行 "View" → "Output" 菜单选项，又可使下部的输出区窗口得以显现。当然，如果不想看到这两个窗口，则可以单击相应窗口上的 ⊠ 按键关闭相应窗口。

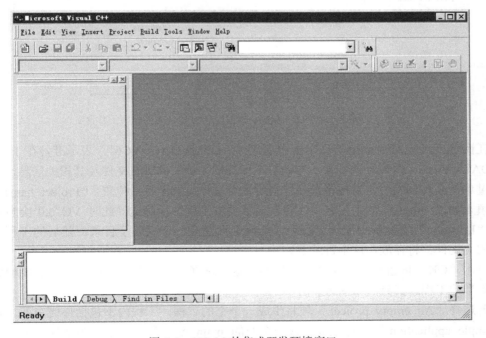

图 A.2　VC 6.0 的集成开发环境窗口

附录 A

A.3　创建工程并输入源程序代码

为了输入程序代码并存入计算机，则需要使用 VC 6.0 的编辑器。如前所述，首先要创建工程及工程工作区，然后才能输入具体程序以完成所谓的"编辑"工作（注意，该步工作在四个步骤中最复杂，且又必须细致地由人工来完成！）。

（1）新建一个 Win32 Console Application 工程。

选择菜单"File"下的"New"项，将出现一个选择界面，在属性页中选择"Projects"选项卡后，可看到近 20 种工程类型，只需选择其中最简单的一种——"Win32 Console Application"，在"Location"文本框和"Project name"文本框中填入工程相关信息需存放的磁盘位置（目录或文件夹位置）及工程名，此时的界面信息如图 A.3 所示。

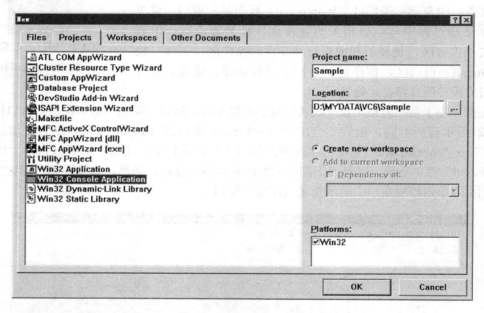

图 A.3　新建一个名为 Sample 的工程（同时自动创建一工作区）

在图 A.3 中，"Location"文本框中填入如"D:\MYDATA\VC6"，表示准备在 D 磁盘的 \MYDATA\VC6 文件夹及子目录下存放与工程工作区相关的所有文件及其相关信息，当然也可通过单击其右部的"…"按钮选择并指定这个文件夹及子目录位置。"Project name"文本框中填入如"Sample"的工程名（注意，名字根据工程性质确定，此时 VC 6.0 会自动在其下的"Location"文本框中用该工程名"Sample"建立一个同名子目录，随后的工程文件及其他相关文件都将存放在这个目录下）。

单击"OK"按钮进入下一个选择界面。这个选择界面主要用于询问用户想要构成一个什么类型的工程，其界面如图 A.4 所示。

若选择"An empty project."项将生成一个空的工程，工程内不包括任何东西。若选择"A simple application."项将生成包含一个空的 main 函数和一个空的头文件的工程。选择"A"Hello World!"application."项，则与选"A simple application."项没有什么本质的区别，只是需要包含显示出"Hello World!"字符串的输出语句。若选择"An application that supports MFC."项，则可以利用 VC 6.0 所提供的类库进行编程。

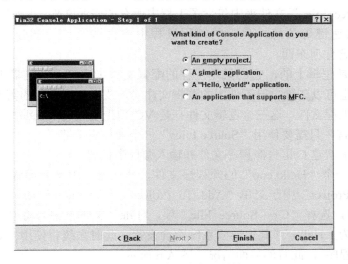

图 A.4　选择创建一个什么样的工程

为了更清楚地看到编程的各个环节，则可选择"An empty project."项，从一个空的工程开始工作。单击"Finish"按钮，这时 VC 6.0 会生成一个小型报告，报告的内容是所有选择项的总结，并且询问程序员是否接受这些设置。如果接受则选择"OK"按钮，否则选择"Cancel"按钮。选择"OK"按钮即可进入到真正的编程环境中。集成开发环境窗口界面如图 A.5 所示。

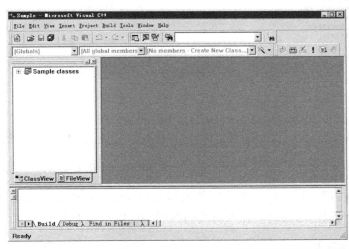

图 A.5　新创建的工程 Sample 的 VC 6.0 集成开发环境窗口界面

（2）在工作区窗口中查看工程的逻辑架构。

注意，屏幕中的"Workspace"窗口中有两个选项卡，一个是"ClassView"，另一个是"FileView"。"ClassView"中列出的是这个工程中所包含的所有类的相关信息，目前程序将不涉及类，这个选项卡中现在是空的。单击"FileView"选项卡后，将看到这个工程所包含的所有文件信息。单击"+"图标打开所有的层次会发现有三个逻辑文件夹："Source Files"文件夹中包含了工程中所有的源文件；"Header Files"文件夹中包含了工程中所有的头文件；"Resource Files"文件夹中包含了工程中所有的资源文件。所谓资源就是工程中所用到的位图、加速键等信息，目前的编程过程中不会涉及这一部分内容。因此，"File View"中也不包含任何东西。

逻辑文件夹是逻辑上的，它们只在工程的配置文件中定义，在磁盘上并不存在这三个文件夹。程序员也可以删除自己不使用的逻辑文件夹，或者根据项目的需要，创建新的逻辑文件夹，以组织工程文件。这三个逻辑文件夹是 VC 预先定义的，就编写简单的单一源文件的 C 语言程序而言，只需要使用"Source Files"一个文件夹就够了。

（3）在工程中新建 C 语言源程序文件并输入源程序代码。

随后应生成一个"Hello.cpp"的源程序文件，然后通过编辑界面输入所需的源程序代码。选择菜单"Project"中子菜单"Add To Project"下的"new"项，在出现的对话框的"Files"选项卡中，选择"C++ Source File"项，"File"文本框中为将要生成的文件取一个名字，本书取名为"Hello"（其他遵照系统隐含设置，此时系统将使用 Hello.cpp 的文件来保存所键入的源程序），此时的界面情况如图 A.6 所示。

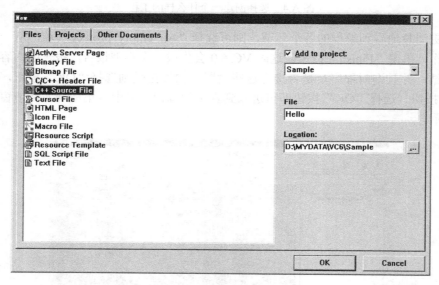

图 A.6　选择在工程 Sample 中新建一名为 Hello.cpp 的 C 语言源程序文件

单击"OK"按钮，进入输入源程序的编辑窗口（注意所出现的呈现"闪烁"状态的输入位置光标），此时只需通过键盘输入需要的源程序代码，如下所示：

```c
#include <stdio.h>

void main()
{
    printf("Hello World!\n");
}
```

可通过选择"Workspace"窗口中的"FileView"选项卡看到"Source Files"文件夹下文件"Hello.cpp"已经被加了进去，此时的界面情况如图 A.7 所示。

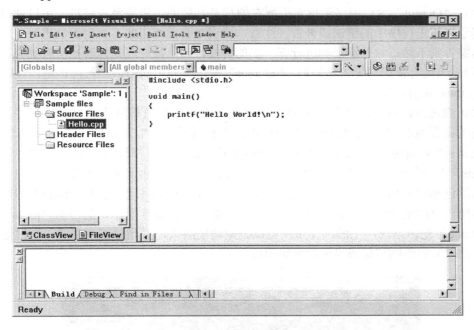

图 A.7　在 Hello.cpp 输入 C 语言源程序代码

实际上，这时在"Workspace"窗口的"ClassView"选项卡中的"Globals"文件夹下，也可以看到新键入的"main"函数。

A.4　不创建工程，直接输入源程序代码

不需要像本书前面描述的那样显式地创新一个工程，新编写一个程序时只需要在如图 A.3 所示的界面中，选择"Files"选项卡，再选择"C++ Source File"，其界面与图 A.6 所示相似（但 Add to projec 是暗淡的，无法选择），后续操作则与前述方法相同。

最简单的方法是：直接使用工具栏上的新建文件按钮"📄"新建一个空白文件，单击工具栏上的保存按钮"💾"保存此空文件。注意，保存时一定要以".c"或".cpp"作为扩展名，否则编译程序时自动格式化和特殊显示等很多属性将无法使用，程序无法运行。

这种方式新建的 C 语言源程序文件在编译时会提示用户，要求允许系统为其新创建一个默认的工程（含相应的工作区）。

A.5　编译、链接后运行程序

程序编写完成（即所谓"四步曲"中第一步的编辑工作完成），就可以进行后面三步的编译、链接与运行了。所有后三步的命令项都处在菜单"Build"之中。注意，在对程序进行编译、链接和运行前，最好首先保存自己的工程（使用"File"→"Save All"菜单项）以避免

附录 A

程序运行时系统发生意外而使之前的工作付之东流，应让这种做法成为自己的习惯。

首先选择执行菜单第一项"Compile"，此时将对程序进行编译。若编译中发现错误或警告，将在"Output"窗口中显示出它们所在的行及具体的出错或警告信息，可以通过这些信息的提示来纠正程序中的错误或警告（注意，错误是必须纠正的，否则无法进行下一步的链接；而警告则不然，它并不影响进行下一步的链接，当然最好还是能够把所有的警告也"消灭"掉）。当没有错误与警告出现时，"Output"窗口所显示的最后一行应该是："Hello.obj-0 error(s), 0warning(s)"。

编译通过后，可以选择菜单中的第二项"Build"进行链接并生成可执行程序。在链接中出现的错误也将显示到"Output"窗口中。链接成功后，"Output"窗口所显示的最后一行应该是："Sample.exe-0 error(s), 0 warning(s)"。最后就可以运行（执行）程序了，选择"Execute"项（该选项前有一个深色的感叹号标志"！"，实际上也可通过单击窗口上部工具栏中的深色感叹号标志"！"来启动执行该选项），VC 6.0 将运行已经编译好的程序，执行后将出现一个结果界面（类似于 DOS 窗口的界面），如图 A.8 所示，其中的"press any key to continue"是由系统产生的，使用户可以浏览输出结果，直到按下了任意一个键盘按键时为止（此时又将返回到集成界面的编辑窗口处）。

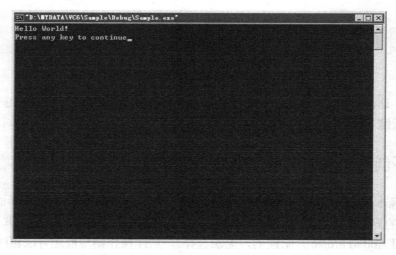

图 A.8　程序 Hello.cpp 的运行结果界面

至此，已经生成并运行（执行）了一个完整的程序，完成了一个"回合"的编程任务。此时应执行"File"→"Close Workspace"菜单项，待系统询问是否关闭所有的相关窗口时，回答"是"即可结束一个程序从输入到执行的全过程，回到启动 VC 6.0 时的初始画面。

A.6　VC 6.0 常见快捷键操作

VC 6.0 常见快捷键操作及意义见表 A.1。

表 A.1 VC 6.0 常见快捷键操作及意义

快 捷 键	操 作 意 义
MS+M	最小化所有窗口/复原窗口
Alt+F4	关闭当前应用程序
Ctrl+F4	关闭应用程序的当前子窗口
Alt+Tab	应用程序间的窗口切换
Ctrl+Tab	应用程序内部子窗口间切换
Ctrl+Z	撤消上一次操作
Ctrl+Y	撤消 Ctrl+Z 操作
Ctrl+X	剪切
Ctrl+C	复制
Ctrl+V	粘贴
Ctrl+S	保存文本
Ctrl+A	选择所有文本
Ctrl+F	在当前窗口查找文本
Ctrl+H	在当前窗口替换文本
Ctrl+G	定位到指定的行
::	列出系统 API 函数
Ctrl+Shift+Space	列出函数的参数信息
Alt+0	显示 Workspace 工作区窗口
Alt+2	显示输出窗口
Alt+3	显示变量观察窗口
Alt+4	显示变量自动查看窗口
Alt+5	显示寄存器查看窗口
Alt+6	显示内存窗口
Alt+7	显示堆栈窗口
Alt+8	显示汇编窗口
F7	编译整个项目
Ctrl+F7	编译当前的原文件
F5	调试运行
Ctrl+F5	非调试运行，直接执行生成的 EXE 文件
Shift+F5	结束运行
F9	设调试断点
F10	单步调试，不进入函数体内部
F11	单步调试，进入函数体内部
Shift+F11	运行至当前函数体外部
Home	将光标移至当前行的头部

附录 A

快 捷 键	操 作 意 义
End	将光标移动至当前行的末尾
PageUp	向上翻页
PageDown	向下翻页
Shift+箭头键	选定指定的文本
Shift+Home	选定光标所在行的前面部分文本
Shift+End	选定光标所在行的后面部分文本
Shift+PageUp	选定上一页文本
Shift+PageDown	选定下一页文本
Ctrl+左箭头	光标按单词向左跳
Ctrl+右箭头	光标按单词向右跳
Tab	将选定文本缩进
Shift+Tab	将选定文本反缩进
Alt+F8	格式化选定的文本

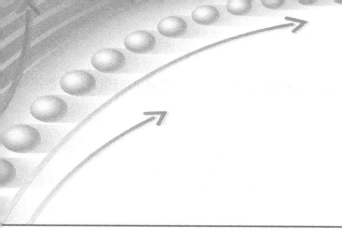

MDK 建立工程

ARM9 工程的建立主要有以下几个步骤。

1）建立工程文件夹，如图 B.1 所示。

一个工程文件夹里面只有一个工程。为文件夹命名时应尽量符合 C 语言标识符命名规则，这样使出错的概率会小很多。

2）建立工程，如图 B.2 所示。

图 B.1　建立工程文件夹

图 B.2　建立工程

为工程命名，如图 B.3 所示。

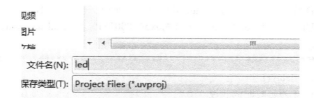

图 B.3　为工程命名

3）选择芯片，如图 B.4 所示。添加启动代码，如图 B.5 所示。

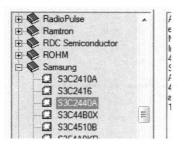

图 B.4　选择芯片

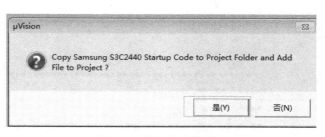

图 B.5　添加启动代码

4）新建文件，如图 B.6 所示。保存文件（注意，后缀名为.c，ARM 的应用程序一般不会用汇编语言编写），如图 B.7 所示。

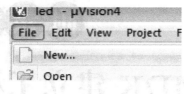

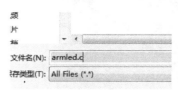

图 B.6　新建文件

图 B.7　保存文件

5）添加文件，双击如图 B.8 所示选项，得到如图 B.9 所示文件，将用户新建的文件添加到工程中。

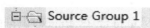

图 B.8　添加文件

图 B.9　将文件添加到工程中

6）编写代码。

```
/*************************************************************
**** 深圳信盈达电子有限公司
**** 模块名：Blinky.c
**** 功　能：GPIO 跑马灯测试程序
**** 设　计：周中孝
**** 说　明：4 个 LED 分别接在 GPB5～GPB8 上
*************************************************************/
#define rGPBCON      (*(volatile unsigned *)0x56000010)    //Port B control
#define rGPBDAT      (*(volatile unsigned *)0x56000014)    //Port B data
#define rGPBUP       (*(volatile unsigned *)0x56000018)    //Pull-up control B


/*************************************************************
**** 函数名：　delay()
**** 形　参：　t 为延时时间长度
**** 功　能：　延时函数
**** 说　明：　一定时间长度的延时，时间可调
*************************************************************/
void delay(unsigned int t)
{
    for(;t>0;t--);
}


/*************************************************************
**** 函数名：main()
**** 形　参：无
**** 功　能：主程序 GPIO 跑马灯测试程序
**** 说　明：4 个 LED 分别接在 GPB5～GPB8 上
```

```
**********************************************************************/
int main (void)
{
    int j;
    rGPBCON =0x00015400;//0000 0000 0000 0001 0101 0100 0000 0000 配置成输出 GPB5~GPB8
    rGPBUP     =0x3ff;           //GPB1~GPB10 禁止上拉
    while(1)
    {
        for(j=0;j<4;j++)
        {
            rGPBDAT=0xfdf; delay(300000);
            rGPBDAT=0xfbf; delay(300000);
            rGPBDAT=0xf7f; delay(300000);
            rGPBDAT=0xeff; delay(300000);
        }
    }
}
```

7）需要根据具体硬件进行详细的设置，本例选择 mini2440，右击"Target1"→"options for Target 'target 1'"。

首先选择"Target"选项卡，相关设置如图 B.10 所示。

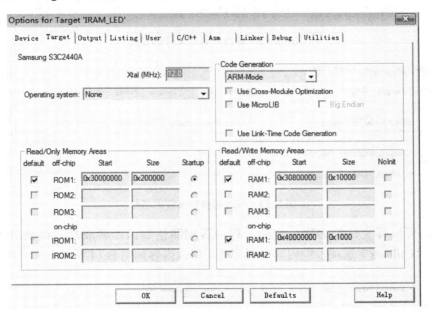

图 B.10　"Target"选项卡详细设置内容

8）选择"Debug"选项卡，相关设置如图 B.11 所示，这里需要注意的是，若要正常使用模拟器调试这段代码，则需要一个初始化文件，该"ini"文件用于进行设置".afx"文件并下载到目标的位置，以及调试前面的寄存器、内存的初始化等操作。它是由调试函数及调试命令组成的调试脚本文件。

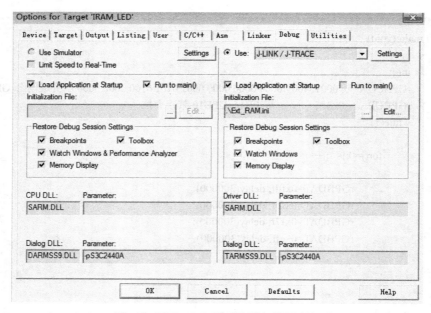

图 B.11 "Debug"选项卡详细设置内容

修改可执行文件的名称，如图 B.12 和图 B.13 所示。

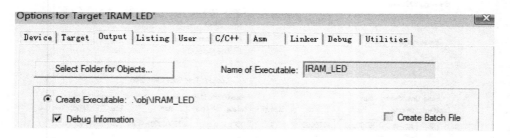

图 B.12 修改可执行文件的名称

图 B.13 修改可执行文件的名称

注意，可执行文件的名称一定要一样，否则即使编译能够成功，调试后也看不到效果。同时，"Utilities"选项卡中内容也要修改，修改内容如图 B.14 所示。

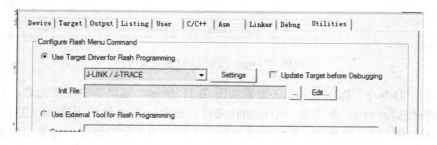

图 B.14 "Utilities"选项卡详细设置内容

9）进行编译，编译常见的错误如下所示。

① Build target 'Target 1'

assembling S3C2440.s...

compiling Armled.c...

*** Error: Referred Memory Range 'ROM1' is undefined.

Target not created

解释：这说明没有对工程进行配置。

② Build target 'IRAM_LED'

assembling S3C2440.s...

compiling main.c...

linking...

.\obj\IRAM_LED.axf: Error: L6406E: No space in execution regions with .ANY selector matching main.o(.text).

.\obj\IRAM_LED.axf: Error: L6406E: No space in execution regions with .ANY selector matching sys_stackheap_outer.o(.text).

.\obj\IRAM_LED.axf: Error: L6406E: No space in execution regions with .ANY selector matching heapauxi.o(.text).

.\obj\IRAM_LED.axf: Error: L6406E: No space in execution regions with .ANY selector matching libshutdown2.o(.ARM.Collect$$libshutdown$$0000000F).

.\obj\IRAM_LED.axf: Error: L6406E: No space in execution regions with .ANY selector matching use_no_semi.o(.text).

.\obj\IRAM_LED.axf: Error: L6407E: Sections of aggregate size 0x1e8 bytes could not fit into .ANY selector(s).

.\obj\IRAM_LED.axf: Not enough information to list image symbols.

.\obj\IRAM_LED.axf: Not enough information to list the image map.

.\obj\IRAM_LED.axf: Finished: 2 information, 0 warning and 15 error messages.

Target not created

解释：这说明划定的程序运行空间太小。用户需要把加载域的空间设置为合适的大小。

编译成功之后，就可以调试程序了，如图 B.15 所示，可查看程序的运行效果。

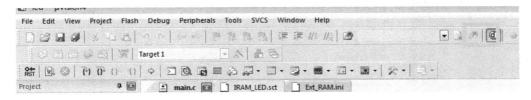

图 B.15　选择 IRAM_LED.sct 文件

注意，请务必熟悉以上操作，如果遇到问题，则只要重新进行以上设置即可。

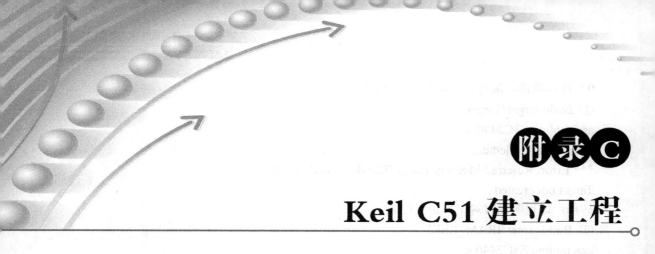

Keil C51 建立工程

1. 新建工程

打开 Keil 软件后单击"Project"→"New project"即可新建一个工程，如图 C.1 所示。在文件名中输入工程名，如"1"，单击"保存"按键后弹出如图 C.2 所示选择 CPU 型号对话框。

图 C.1　KEIL 新建工程

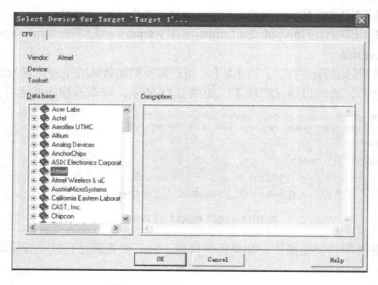

图 C.2　选择 CPU 型号对话框

选择芯片型号（如 Atmel-AT89C51），即可显示如图 C.3 所示对话框。在"Description"窗口中可提示该芯片的基本参数，如内部 RAM 和 ROM 的大小、I/O 口个数等信息。芯片选定后单击"确定"按钮，弹出如图 C.4 对话框，单击"是"按钮，即可完成新建工程。

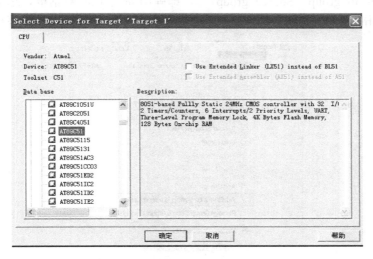

图 C.3　对话框

图 C.4　对话框

2．新建文件

在 Keil 界面下单击"File"→"New"如图 C.5 所示，在新建文件中编写程序后，单击"保存"按钮即可弹出如图 C.6 对话框。在文件名中输入文件名如"Text1.c"后单击"保存"按钮。

图 C.5　新建文件

图 C.6　保存文件

注意，如果使用汇编编写程序，那么文件名后缀要用".asm"；如果使用 C 语言编写程序，那么文件名后缀要用".c"。

3．添加文件到工程

右键单击"Source Group 1"弹出如图 C.7 所示下拉对话框，单击选择要添加的文件，单击"Add files to group 'Source group1'"，即弹出如图 C.8 对话框，选中前面已建好的".c"文件，单击"Add"按钮，即可完成添加文件到工程，然后就可以编写程序了。

图 C.7　添加文件到工程

图 C.8　选择添加的文件

4．Keil 软件设置

单击图标 （Options for Target 键），弹出如图 C.9 所示对话框，选择"Output"选项卡，在该选项卡下的"Create HEX File"选项前打钩，目的是使 Keil 编译后自动生产"hex"格式的文件夹，然后单击"确定"按钮即可。

5．编译源程序

单击 即可对程序进行编译。如果程序有错，则将在"Build"窗口提示错误行及错误原因。如果程序没有错误，则编译通过，显示如图 C.10 所示对话框。同时生产".hex"格式烧写文件。

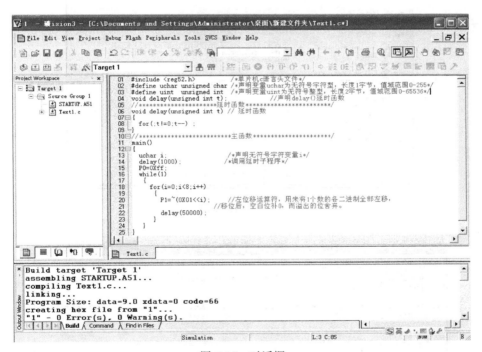

图 C.9　输出 HEX 文件对话框

图 C.10　对话框

6. Keil C51 仿真调试方法

1）仿真软件设置。

首先打开编译软件 Keil C51，如图 C.11 所示，单击图标 （Options for Target 键），弹出如图 C.12 所示界面，选择 "Device" 选项卡，在该选项卡中选择芯片型号（即 SST 下面的芯片）。

选择 "Debug" 选项卡，弹出如图 C.13 所示界面，将 "Use" 前面的黑点选中，然后选择"Keil Monitor-51 Driver"。

图 C.11　打开编译软件

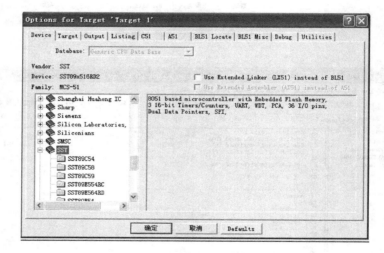

图 C.12　选择"Device"选项卡

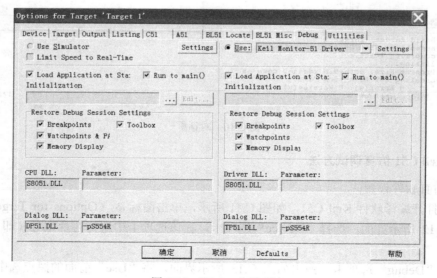

图 C.13　"Debug"选项卡

　　然后勾选"Load Application at Sta:"及"Run to main()"。单击"确定"按钮弹出如图 C.14 所示界面，选择端口及设置波特率，波特率一般设置在 19200 以下，然后单击"OK"按钮退出。最后单击"Options for Target"界面的"确定"按钮退出设置界面。

图 C.14　Target Setup

　　2）软件仿真。

　　单击 Keil C51 仿真软件主菜单"Project"中的"Open Project"，打开一个项目（打开光盘中的 C 语言程序中任意一个项目即可）。单击如图 C.15 所示中的图标，同时按下主板复位键建立仿真连接。如果出现如图 C.16 所示界面，则重新单击图标，同时按下主板复位键直到建立仿真连接为止。

图 C.15　选择项

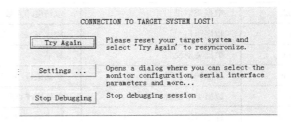

图 C.16　界面

　　3）软件仿真。

　　完成以上步骤后即可对软件进行单步、设置端点等仿真了！

　　注意，请务必熟悉以上操作，如果遇到问题，则只要重新进行以上设置即可。

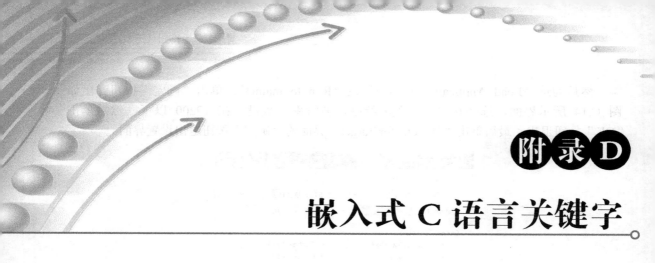

嵌入式 C 语言关键字

嵌入式 C 语言关键字的用途和说明见表 D.1。

表 D.1　嵌入式 C 语言关键字及其用途和说明

关　键　字	用　　途	说　　明
auto	存储种类说明	用于说明局部变量，默认值
break	程序语句	退出最内层循环
case	程序语句	switch 语句中的选择项
char	数据类型说明	单字节整型数或字符型数据
const	存储类型说明	在程序执行过程中不可更改的常量值
continue	程序语句	转向下一次循环
default	程序语句	switch 语句中的失败选择项
do	程序语句	构成 do...while 循环结构
double	数据类型说明	双精度浮点数
else	程序语句	构成 if...else 选择结构
enum	数据类型说明	枚举
extern	存储种类说明	在其他程序模块中已说明的全局变量
flost	数据类型说明	单精度浮点数
for	程序语句	构成 for 循环结构
goto	程序语句	构成 goto 转移结构
if	程序语句	构成 if...else 选择结构
int	数据类型说明	基本整型数
long	数据类型说明	长整型数
register	存储种类说明	使用 CPU 内部寄存的变量
return	程序语句	函数返回
short	数据类型说明	短整型数
signed	数据类型说明	有符号数，二进制数据的最高位为符号位
sizeof	运算符	计算表达式或数据类型的字节数

续表

关　键　字	用　　途	说　　明
static	存储种类说明	静态变量
struct	数据类型说明	结构类型数据
switch	程序语句	构成 switch 选择结构
typedef	数据类型说明	重新进行数据类型定义
union	数据类型说明	联合类型数据
unsigned	数据类型说明	无符号数数据
void	数据类型说明	无类型数据
volatile	数据类型说明	该变量在程序执行中可被隐含地改变
while	程序语句	构成 while 和 do...while 循环结构

编译器的扩展关键字见表 D.2（与编译器有关，如果标准 C 语言编译器不支持，则 Keil 嵌入式 C 语言支持）。

表 D.2　编译器的扩展关键的用途及说明

关　键　字	用　　途	说　　明
bit	位标量声明	声明一个位标量或位类型的函数
sbit	位标量声明	声明一个可位寻址变量
Sfr	特殊功能寄存器声明	声明一个特殊功能寄存器
Sfr16	特殊功能寄存器声明	声明一个 16 位的特殊功能寄存器
data	存储器类型说明	直接寻址的内部数据存储器
bdata	存储器类型说明	可位寻址的内部数据存储器
idata	存储器类型说明	间接寻址的内部数据存储器
pdata	存储器类型说明	分页寻址的外部数据存储器
xdata	存储器类型说明	外部数据存储器
code	存储器类型说明	程序存储器
interrupt	中断函数说明	定义一个中断函数
reentrant	再入函数说明	定义一个再入函数
using	寄存器组定义	定义芯片的工作寄存器

嵌入式 C 语言中的特殊符号及说明见表 D.3。

表 D.3　嵌入式 C 语言中的特殊符号及说明

符　　号	说　　明
算术运算符号	
+	加法运算符，或正值符号
−	减法运算符，或负值符号

附
录
D

符　号	说　明
算术运算符号	
*	乘法运算符
/	除法运算符
%	模（求余）运算符，如 5%3 结果得 2
关系运算	
<	小于
>	大于
<=	小于或等于
>=	大于或等于
==	等于
!=	不等于
逻辑运算	
&&	逻辑与
||	逻辑或
!	逻辑非
位运算	
&	按位与
|	按位或
^	按位异或
~	按位取反
<<	位左移
>>	位右移
自增减运算	
++i	在使用 i 之前，先使 i 值加 1
--i	在使用 i 之前，先使 i 减加 1
i++	在使用 i 之后，先使 i 值加 1
i--	在使用 i 之后，先使 i 减加 1

嵌入式 C 语言复合运算（不建议使用）及说明见表 D.4。

表 D.4　嵌入式 C 语言复合运算及说明

符　号	说　明	符　号	说　明	符　号	说　明
(+=)	加法赋值	%=	取模赋值	|=	逻辑或赋值
(-=)	减法赋值	<<=	左移赋值	^=	逻辑异或赋值
(*=)	乘发赋值	>>=	右移赋值	~=	逻辑非赋值
/=	除法赋值	&=	逻辑与赋值		

常用字符与 ASCII 代码对照

常用字符与 ASCII 代码对照见表 E.1。

表 E.1　常用字符与 ASCII 代码对照表

ASCII 值	控制字符	ASCII 值	控制字符	ASCII 值	控制字符	ASCII 值	控制字符
0	NUT	24	CAN	48	0	72	H
1	SOH	25	EM	49	1	73	I
2	STX	26	SUB	50	2	74	J
3	ETX	27	ESC	51	3	75	K
4	EOT	28	FS	52	4	76	L
5	ENQ	29	GS	53	5	77	M
6	ACK	30	RS	54	6	78	N
7	BEL	31	US	55	7	79	O
8	BS	32	(space)	56	8	80	P
9	HT	33	!	57	9	81	Q
10	LF	34	"	58	:	82	R
11	VT	35	#	59	;	83	X
12	FF	36	$	60	<	84	T
13	CR	37	%	61	=	85	U
14	SO	38	&	62	>	86	V
15	SI	39	,	63	?	87	W
16	DLE	40	(	64	@	88	X
17	DCI	41	)	65	A	89	Y
18	DC2	42	*	66	B	90	Z
19	DC3	43	+	67	C	91	[
20	DC4	44	,	68	D	92	/
21	NAK	45	-	69	E	93	]
22	SYN	46	.	70	F	94	^
23	TB	47	/	71	G	95	—

ASCII 值	控制字符	ASCII 值	控制字符	ASCII 值	控制字符	ASCII 值	控制字符
96	`	104	h	112	p	120	x
97	a	105	i	113	q	121	y
98	b	106	j	114	r	122	z
99	c	107	k	115	s	123	{
100	d	108	l	116	t	124	|
101	e	109	m	117	u	125	}
102	f	110	n	118	v	126	~
103	g	111	o	119	w	127	DEL